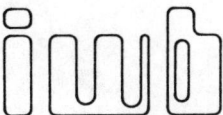

Forschungsberichte · Band 23

Berichte aus dem Institut für Werkzeugmaschinen und Betriebswissenschaften der Technischen Universität München

Herausgeber: Prof. Dr.-Ing. J. Milberg

Stefan Peiker

Entwicklung
eines integrierten
NC-Planungssystems

Mit 66 Abbildungen

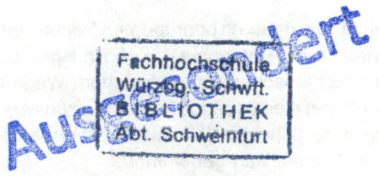

Springer-Verlag
Berlin Heidelberg New York
London Paris Tokyo Hong Kong 1989

Dipl.-Ing. Stefan Peiker
Institut für Werkzeugmaschinen und Betriebswissenschaften (iwb), München

Dr.-Ing. J. Milberg
o. Professor an der Technischen Universität München
Institut für Werkzeugmaschinen und Betriebswissenschaften (iwb), München

D 91

ISBN 3-540-51880-0 Springer-Verlag Berlin Heidelberg New York
ISBN 0-387-51880-0 Springer-Verlag New York Heidelberg Berlin

Geleitwort des Herausgebers

Die Verbesserung der Fertigungsmaschinen, der Fertigungsverfahren und der Fertigungsorganisation zur Steigerung der Produktivität und Verringerung der Fertigungskosten ist eine ständige Aufgabe der Produktionstechnik. Die Situation in der Produktionstechnik ist durch abnehmende Fertigungslosgrößen und zunehmende Personalkosten sowie durch eine unzureichende Nutzung der Produktionsanlagen geprägt. Neben den Forderungen nach einer Verbesserung der Mengenleistung und der Arbeitsgenauigkeit gewinnt die Steigerung der Flexibilität von Fertigungsmaschinen und Fertigungsabläufen immer mehr an Bedeutung. In zunehmendem Maße werden Programme, Einrichtungen und Anlagen für rechnergestützte und flexibel automatisierte Produktionsabläufe entwickelt.

Ziel der Forschungsarbeiten am Institut für Werkzeugmaschinen und Bertriebswissenschaften der Technischen Universität München (iwb) ist die weitere Verbesserung der Fertigungsmittel und Fertigungsverfahren im Hinblick auf eine Optimierung der Arbeitsgenauigkeit und Mengenleistung der Fertigungssysteme. Dabei stehen Fragen der anforderungsgerechten Maschinenauslegung sowie der optimalen Prozeßführung im Vordergrund. Ein weiterer Schwerpunkt ist die Entwicklung fortgeschrittener Produktionsstrukturen und die Erarbeitung von Konzepten für die Automatisierung des Auftragsdurchlaufs. Das Ziel ist eine Integration der technischen Auftragsabwicklung von der Konstruktion bis zur Montage.

Die im Rahmen dieser Buchreihe erscheinenden Bände stammen thematisch aus den Forschungsbereichen des iwb: Fertigungsverfahren, Werkzeugmaschinen, Fertigungsautomatisierung und Montageautomatisierung. In ihnen werden neue Ergebnisse und Erkenntnisse aus der praxisnahen Forschung des iwb veröffentlicht. Diese Buchreihe soll dazu beitragen, den Wissenstransfer zwischen dem Hochschulbereich und dem Anwender in der Praxis zu verbessern.

Joachim Milberg

Vorwort

Die vorliegende Dissertation enstand neben meiner Tätigkeit als Mitarbeiter der Renk AG Augsburg und als wissenschaftlicher Mitarbeiter am Institut für Werkzeugmaschinen und Betriebswissenschaften (iwb) der Technischen Universität München. Diese Dissertation enthält Ergebnisse aus einem vom Bundesministerium für Forschung und Technologie geförderten Forschungsvorhaben, welches in Zusammenarbeit zwischen der Renk AG, Augsburg und dem iwb, München durchgeführt wurde.

Herrn Prof. Dr.-Ing. J. Milberg, dem Leiter des Instituts, gilt mein besonderer Dank für die tatkräftige und wohlwollende Unterstützung, sowie für die wertvollen Hinweise, die für den erfolgreichen Abschluß der Arbeit einen wichtigen Beitrag dargestellt haben.

Herrn Prof. Dr.-Ing. K. Ehrlenspiel, Leiter des Lehrstuhls für Konstruktion im Maschinenbau der Technischen Universität München, danke ich für die kritische Durchsicht der Arbeit und die Übernahme des Korreferats.

Mein Dank gilt ebenfalls Herrn Dipl.-Ing. G. Frey, Herrn Dr.-Ing. U. Lindemann und Herrn Dr.-Ing. R. Opferkuch von der Renk AG, Augsburg für die großzügige Unterstützung und die vorbildliche Zusammenarbeit bei der Durchführung des Projektes.

Darüber hinaus danke ich allen Mitarbeiterinnen und Mitarbeitern des iwb und den Studentinnen und Studenten, die mich bei der Erstellung dieser Arbeit mit Rat und Hilfe, oft unter großem Einsatz unterstützt haben.

Allen Mitarbeiterinnen und Mitarbeitern der Renk AG, die mir bei der Durchführung des Projektes und der Erstellung der Arbeit behilflich waren, möchte ich meinen herzlichen Dank aussprechen.

München, im Juni 1989   Stefan Peiker

Inhaltsverzeichnis

1. Einleitung

1.1 Ausgangssituation

Das Ausschöpfen von Wettbewerbsvorteilen verlangt von Produktionssystemen eine immer höhere Anpassungsfähigkeit an unterschiedliche Fertigungsaufgaben und eine immer schnellere Reaktionsfähigkeit auf neue Bedürfnisse /01/.

Diese Situation sowie die aus wirtschaftlichen Gründen geforderte Umstellung von der lagerorientierten Fertigung zur auftragsbezogenen Produktion haben immer kleiner werdende Losgrößen und eine zunehmende Einzelfertigung zur Folge. Um unter diesen Bedingungen wettbewerbsfähig bleiben zu können, müssen Unternehmen in zunehmendem Maße organisatorische und technische Maßnahmen in ihrer Aufbau- und Ablauforganisation planen und durchsetzen sowie rechnerunterstützte Methoden zur Auftragsabwicklung einsetzen. Das Unternehmen mit der kürzesten Produktdurchlaufzeit von der

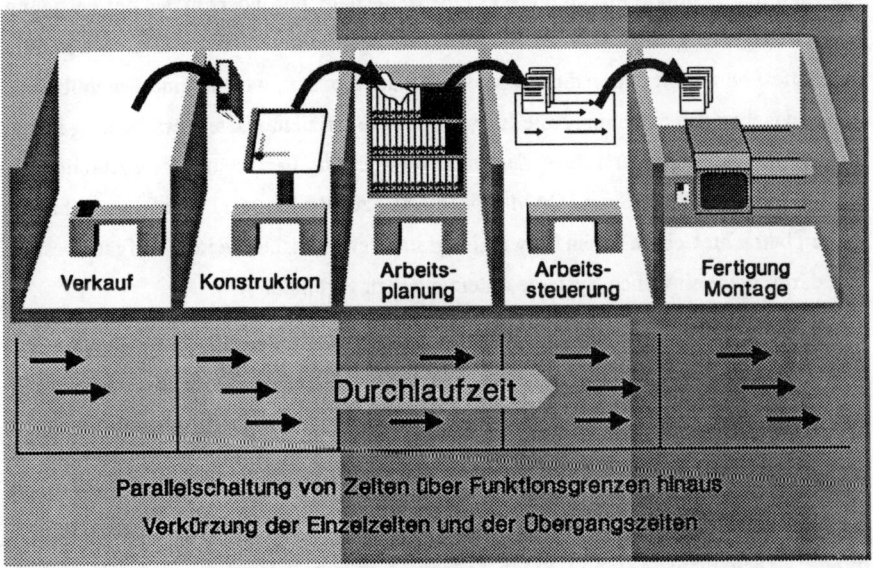

Bild 1: Schwachstellen der Auftragsabwicklung /01/

Produktidee bis zum lieferbaren Produkt wird entscheidende Wettbewerbsvorteile errin-
gen. Analysiert man die derzeitige Auftragsabwicklung im Hinblick auf die gestellten
Forderungen, so erkennt man eine Reihe von Schwachstellen und Mängeln, die lange
Durchlaufzeiten und hohe Bestände nach sich ziehen. Z.B. führen hohe Arbeitsteiligkeit
und mangelnde Synchronisation der Vorgänge zu erheblichen Effektivitäts- und Zeit-
verlusten. Die Funktionen der Auftragsabwicklung sind meist strikt voneinander abge-
grenzt, wodurch eine optimale Synchronisation aller Schritte der Auftragsabwicklung
erschwert wird. Grunddaten werden in Konstruktion, Arbeitsplanung und Arbeitssteue-
rung wiederholt generiert. Die Arbeitsplanung beginnt häufig erst dann, wenn alle Zeichnungen und Änderungen in der Konstruktion fertiggestellt sind. Im Werkstattbereich
werden Aufträge losweise abgearbeitet. Das Fertigungslos wird in der Regel erst dann
zur nächsten Station befördert, wenn es von der vorherigen komplett bearbeitet worden
ist (Bild 1) /02/.

Für zukunftsorientierte Produktionssysteme ist deshalb, besonders in den der Fertigung
und Montage vorgelagerten Unternehmensbereichen, ein geeigneter Informationsfluß
mit Hilfe von rechnerunterstützten Methoden aufzubauen, welche eine Datenübertragung zwischen den einzelnen Abteilungen und eine effiziente Datenverarbeitung in den
einzelnen Abteilungen erlauben. Zur Datenverarbeitung in den einzelnen Abteilungen
stehen CAD-, CAP-, PPS- und CAM-Systeme /03/ zur Verfügung. Diese Systeme haben,
isoliert betrachtet, einen hohen Entwicklungsstand erreicht. Die weitere Aufgabe besteht
nun darin, diese einzelnen Systeme miteinander zu verbinden /01/.

1.2 Aufgabenstellung und Arbeitsschwerpunkte

In vielen Unternehmen ist ein zunehmender Einsatz von NC-Werkzeugmaschinen in der
Einzelfertigung und in der Serienfertigung zu beobachten. Ein wichtiger Schwerpunkt
bei der Verbindung der Einzelkomponenten ist die Verbindung der Konstruktion (CAD)
mit der Arbeitsplanung (CAP). Einen Teilaspekt im Hinblick auf die Verbindung stellt
die NC-Programmierung dar. Dies ist insbesondere darauf zurückzuführen, daß der in-

2

dustrielle Einsatz von NC-Programmiersystemen gegenüber den Arbeitsplanerstellungssystemen überwiegt. Wie Bild 2 zeigt, hat die Arbeitsplanung - und hier insbesondere die NC-Programmierung - eine Schlüsselstellung bei der Umsetzung von Geometrie- und Technologiedaten in Fertigungsdaten.

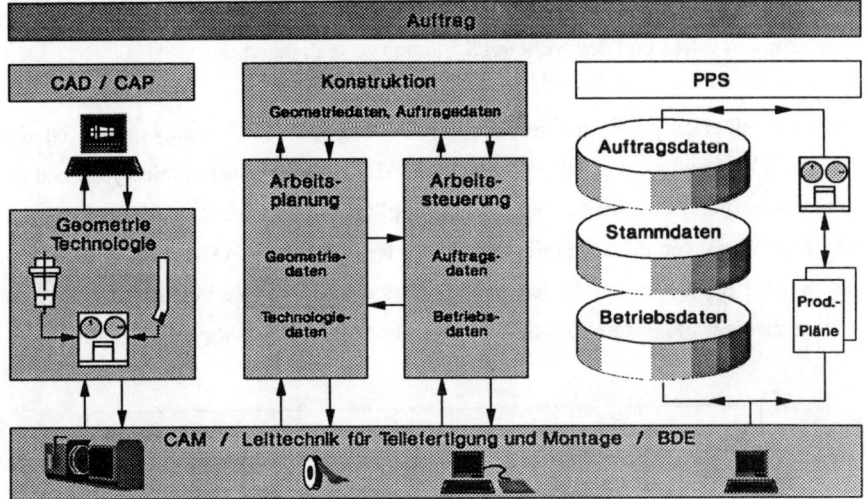

Bild 2: Automatisierung des Fertigungsvorfeldes durch CAD- und PPS-Systeme /01/

Somit steht die NC-Programmierung in immer stärkerem Maße folgenden Forderungen gegenüber:

- kurze Teileprogrammerstellungszeiten,
- fehlerfreie Teileprogramme,
- optimale Teileprogramme (Optimierung im Fertigungsvorfeld),
- kurze Reaktionszeiten auf Teileprogrammanforderungen,
- Effizienz und Produktivität in der Planung,
- Aufwandsreduzierung.

3

Um diesen Anforderungen gerecht zu werden, müssen einerseits aufbau- und ablauforganisatorische Maßnahmen erarbeitet und realisiert werden. Andererseits muß aber ein NC-Planungssystem geschaffen werden, welches informationstechnisch und ablauforganisatorisch mit den anderen Teilesystemen der rechnerintegrierten Produktion verbunden ist. In diesem Zusammenhang ist eine Reihe von Schnittstellen zwischen einem NC-Programmiersystem und den weiteren Systemen zu realisieren.

Die heute überwiegende angetroffene Verbindung von CIM-Komponenten ist die CAD/NC-Verbindung /vgl. 04/. Von vielen CAD- und NC-Programmiersystemanbietern werden unterschiedliche Verbindungsmöglichkeiten angeboten. Am Anfang der 80er Jahre begannen die ersten Firmen mit der Realisierung von CAD/NC-Verbindungen. Seither nahm die Anzahl der neuinstallierten CAD/NC-Verbindungen jedes Jahr zu, was zu einer progressiv steigenden Bestandsentwicklung führte (Bild 3) /05/.

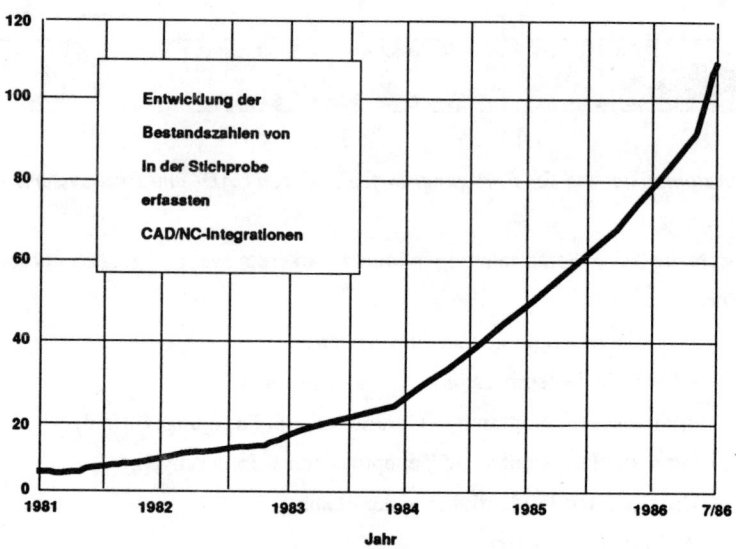

Bild 3: Entwicklung der Bestandszahlen von CAD/NC-Integrationen /05/

4

Bei den meisten dieser Verbindungen ist bisher der Datenaustausch mit Hilfe von Geometriedefinitionen in einem bestimmten Teileprogrammformat realisiert. Der zunehmende Einsatz von grafisch interaktiven NC-Programmiersystemen erfordert ebenfalls die Übertragung von grafischen Informationen. Als Lösungsmöglichkeit bieten sich hierfür die derzeit verfügbaren Standardschnittstellen wie z.B. IGES (Initial Graphics Exchange Specification) an. Nachteil dieser Übertragungsmechanismen ist, daß eine Übertragung von technologischen Informationen (z.B. Rauhigkeit, Passungen) nicht oder nur in beschränktem Umfang möglich ist. Ein weiterer Nachteil der heute verfügbaren Verbindungsstellen ist, daß nur der reine Datentransfer gelöst ist. Algorithmen, welche Konstruktionsdaten nach fertigungstechnischen Gesichtspunkten aufbereiten, sind heute noch kein Bestandteil der realisierten CAD/NC-Verbindungen.

Verbindungen von NC-Programmiersystemen zu anderen Teilesystemen wie z.B. PPS-Systemen, Betriebsmittelverwaltungssystemen etc. sind in wenigen Unternehmen realisiert. Die NC-Programmierung steht aber außer mit der Konstruktion noch mit weiteren funktionalen Bereichen (Betriebsmittelwesen, Zeitwirtschaft) eines Unternehmens in Kontakt. Diese Bereiche sind teilweise schon mit rechnergestützten Systemkomponenten ausgestattet, welche die Arbeitsabläufe unterstützen. In Zukunft werden alle Bereiche, mit denen die NC-Programmierung kommuniziert, mit rechnergestützten Systemen ausgestattet sein.

Die Integration von Systemen in ein CIM-Konzept erfordert nicht nur die Lösung von Systemverbindungsproblemen. Darüber hinaus sind Systematiken und Module zu entwickeln, welche einerseits den Anwender bei der Bedienung der unterschiedlichen Verbindungsstellen unterstützen und andererseits auch eine Steuerung der Systeme im Rahmen der Auftragsabwicklung ermöglichen. Zur Entwicklung dieser Mechanismen ist eine Umgebung, in der die verschiedenen rechnergestützten Teilsysteme zusammenwirken, erforderlich. Im industriellen Einsatz sind heute hauptsächlich Insellösungen, in denen die Verbindung von zwei Teilsystemen realisiert sind, anzutreffen. Die zunehmenden Bestrebungen, die einzelnen Inseln zu einem Gesamtsystem zu verbinden, erfordern die Entwicklung oben beschriebener Mechanismen.

Ziel dieser Arbeit ist die Konzeption und Entwicklung eines integrierten rechnergestützten Systems zur Durchführung der Arbeitsabläufe bei der NC-Programmerstellung. Für die NC-Programmierung soll hierdurch ein Umfeld geschaffen werden, in dem die Aufgaben effizient, ohne zeitraubende Nebentätigkeiten durchgführt werden können.

Im einzelnen wurden folgende Schwerpunkte gesetzt:

- Aus der Analyse des Ist-Zustandes, welche die NC-Programmierung sowie die heute verfügbaren systemtechnischen Verbindungsmöglichkeiten berücksichtigt, werden die Anforderungen an ein integriertes NC-Planungssystem abgeleitet. Ein wesentlicher Aspekt sind hierbei die Tätigkeiten und die Ablauforganisation zur NC--Programmerstellung, da hieraus Anforderungen für die Integration abgeleitet werden können.

- Ausgehend von einer Gegenüberstellung alternativer CAD/NC-Verbindungsmöglichkeiten wird eine neutrale Verbindung konzipiert und entwickelt, welche die Verbindung unterschiedlicher CAD-Systeme und NC-Programmiersysteme erlaubt. Einen besonderen Stellenwert nimmt hierbei die Reduzierung des Aufwandes in der NC-Programmierung durch Einsatz geeigneter Algorithmen in der Verbindungsstelle ein. Erkenntnisse aus der Tätigkeitsanalyse führen deshalb zu fertigungsverfahrenorientierten Verbindungsstellen.

- Die Ergebnisse aus der Analyse der Ablauforganisation werden zur ablauforganisatorischen Verbindung des PPS-Systems und des NC-Programmiersystems herangezogen. Am Beispiel dieser Verbindung werden die notwendigen Systematiken und Module entwickelt, welche eine Anwenderunterstützung sowie eine Steuerung der Systeme ermöglichen und somit die Integration beider Systeme ermöglichen. Die Allgemeingültigkeit der Systematik erlaubt die Übertragung auf weitere Systemkombinationen (z. B. PPS/CAD).

- Die Realisierbarkeit des Konzeptes wird beispielhaft an der CAD/NC-Verbindung und an der PPS/NC-Verbindung nachgewiesen.

Ein nach diesen Gesichtspunkten konzipiertes "integriertes NC-Planungssystem" wird die Arbeitsabläufe zur NC-Programmerstellung beschleunigen und somit die Forderungen, welche an die rechnerintegrierte Produktion gestellt werden, erfüllen.

Bei der gesamten Konzeption wird auf Universalität geachtet. Somit ist es möglich, die Systeme der verschiedenen Hersteller in dieses Konzept einzubinden.

2. NC-Programmierung

2.1 Einleitung und Definitionen

Im Rahmen der Arbeitsplanerstellung wird bestimmt, ob ein Arbeitsvorgang auf einer numerisch gesteuerten Werkzeugmaschine ausgeführt wird (Bild 4).

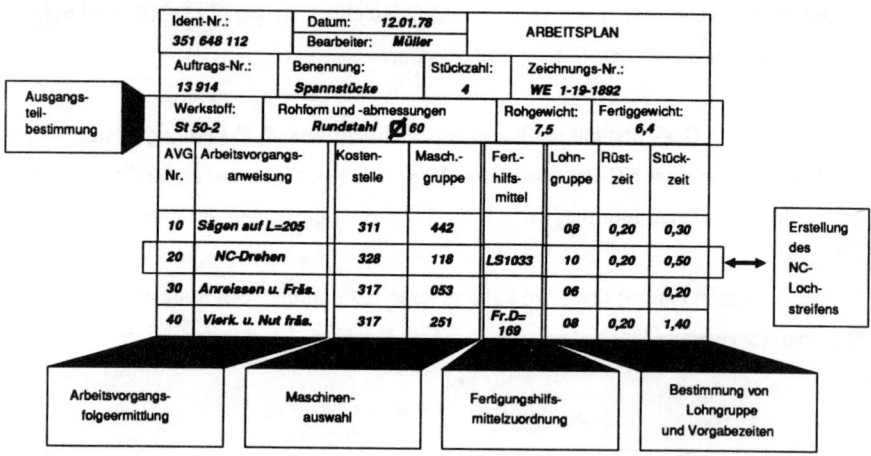

Bild 4: Aufgaben der Arbeitsplanerstellung /06/

Für diesen Arbeitsvorgang ist dann ein detaillierter Arbeitsplan in Form eines NC- Programmes (Teileprogramm) zu erstellen. Das NC-Programm enthält sämtliche Steuerinformationen für die entsprechende Werkzeugmaschine. Zur Erstellung der Steuerinformationen müssen Angaben über das zu fertigende Werkstück und über die einzusetzende Bearbeitungsmaschine vorliegen. Die Ermittlung und Aufbereitung aller geometrischen und technologischen Informationen für die Bearbeitung von Werkstükken auf einer numerisch gesteuerten Maschine bezeichnet man als NC-Programmierung /06/.

Numerisch gesteuerte Werkzeugmaschinen sind Maschinen, die den Bearbeitungsablauf zur Herstellung eines Werkstückes - ausgehend von einem Programm - automatisch steuern.

Bei der Erstellung von Steuerinformationen für NC-Werkzeugmaschinen werden zwei Vorgehensweisen unterschieden (Bild 5):
- die manuelle Programmierung und
- die maschinelle Programmierung.

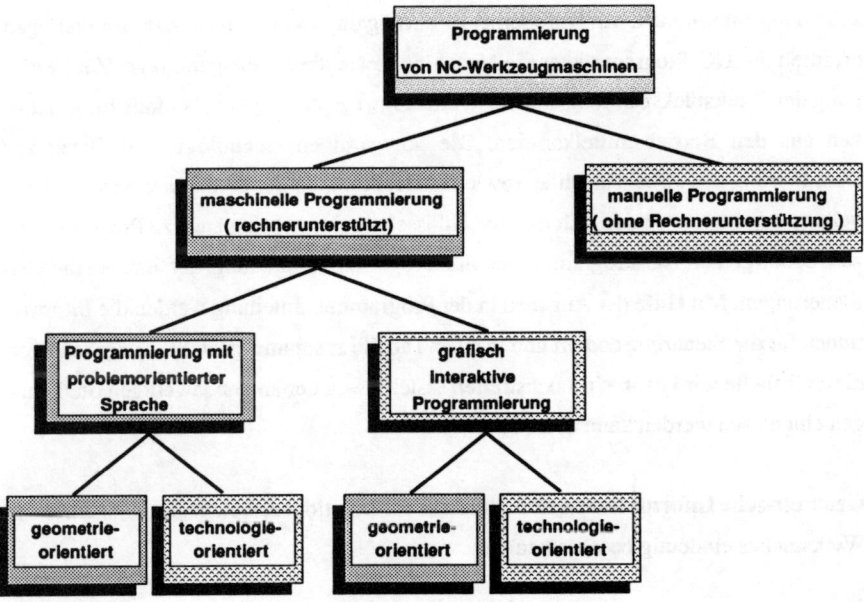

Bild 5: Programmierung von NC-Werkzeugmaschinen

9

Unter manueller Programmierung ist die Erstellung eines Teileprogrammes im Programmformat für eine bestimmte Maschinen-/Steuerungskombination ohne Verwendung eines computerunterstützten Programmiersystems zu verstehen /07/.

Ein **Teileprogramm** ist ein Programm, welches codierte Instruktionen, die zur Steuerung des Bearbeitungsablaufes auf einer numerisch gesteuerten Werkzeugmschine notwendig sind, enthält.

Zur Verarbeitung müssen die Eingabedaten den NC-Steuerungen in einer von der Steuerung vorgeschriebenen Syntax zur Verfügung gestellt werden. Diese Syntax wird als **Programmformat** bezeichnet.

Bei der manuellen Programmierung werden die Geometrieinformationen der Werkstattzeichnung entnommen. Mit Hilfe seiner Erfahrung und weiterer Informationsunterlagen ermittelt der NC-Programmierer die Maschine sowie die Arbeitsgangfolge. Zur Festlegung der Werkstückspannung und der Werkzeugwege benötigt er ebenfalls Informationen aus den Betriebsmittelkarteien. Die notwendigen technologischen Daten zur Detaillierung des Arbeitsablaufes sowie zur Bestimmung der Schnittwerte müssen Tabellen entnommen werden. Für die Verschlüsselung der Arbeitsgänge zu Programmsätzen benötigt der NC-Programmierer die Programmieranleitung der entsprechenden Steuerungen. Mit Hilfe der Angaben in der Programmieranleitung werden die Informationen für die Steuerung codiert und in einer Tabelle zusammengestellt. Ausgehend von dieser Tabelle wird dann ein Lochstreifen erstellt, welcher an den jeweiligen Steuerungen eingelesen werden kann (Bild 6).

Geometrische Informationen sind sämtliche Informationen, welche die Geometrie des Werkstückes eindeutig beschreiben.

Technologische Informationen sind Informationen, welche die Bearbeitungstechnologie (Schnittiefe, Vorschübe, Schnittgeschwindigkeit etc.) festlegen. Beispiele für technologische Informationen sind Rauhtiefen, Oberflächengüten und Toleranzen.

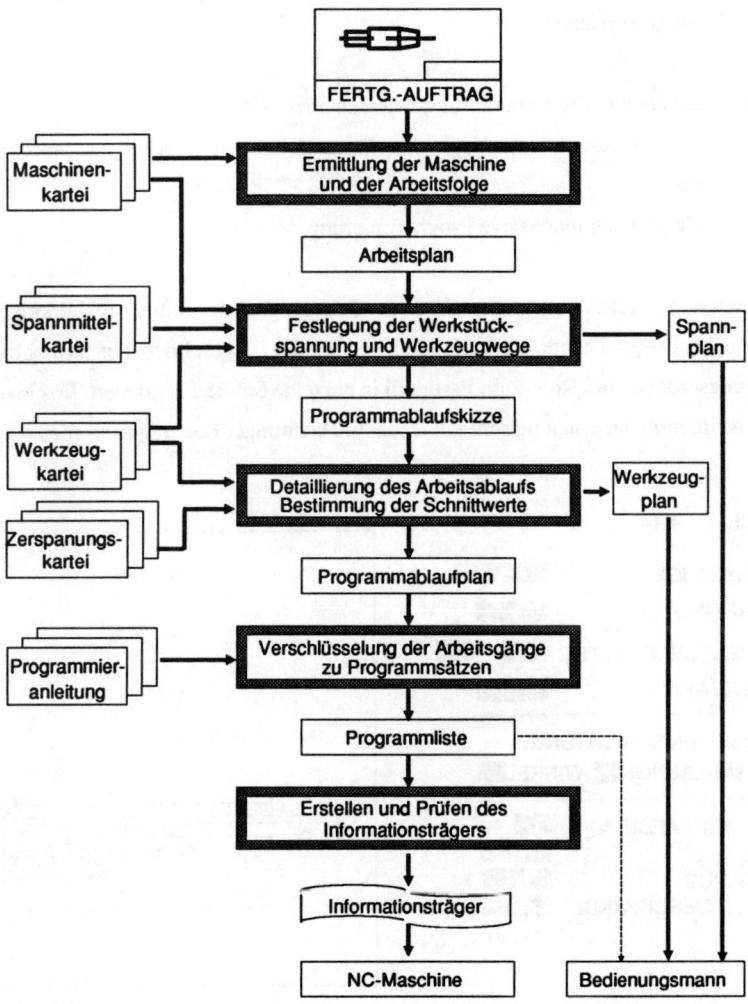

Bild 6: Prinzipieller Ablauf der manuellen Programmierung /08/

Im Gegensatz zur manuellen Programmierung werden bei der maschinellen Programmierung die Schritte zur Teileprogrammerstellung je nach Automatisierungsgrad rechnerunterstützt durchgeführt. Unter maschineller NC-Programmierung ist somit die Erstellung von Steuerinformationen für numerische Steuerungen durch Datenverarbeitungsanlagen zu verstehen /08/.

Bei der maschinellen Programmierung unterscheidet man weiter
- die Programmierung mit einer problemorientierten Sprache (sprachorientiert) und
- die grafisch interaktive Programmierung.

Im ersten Fall erstellt der Programmierer das Teileprogramm in einer problemorientierten Sprache. Dieses Teileprogramm enthält in einer fest vorgeschriebenen Symbolik den Fertigungsprozeß vom Roh- zum Fertigteil in einzelne Schritte gegliedert. Das erstellte Manuskript muß auf einen maschinell lesbaren Datenträger übertragen werden.

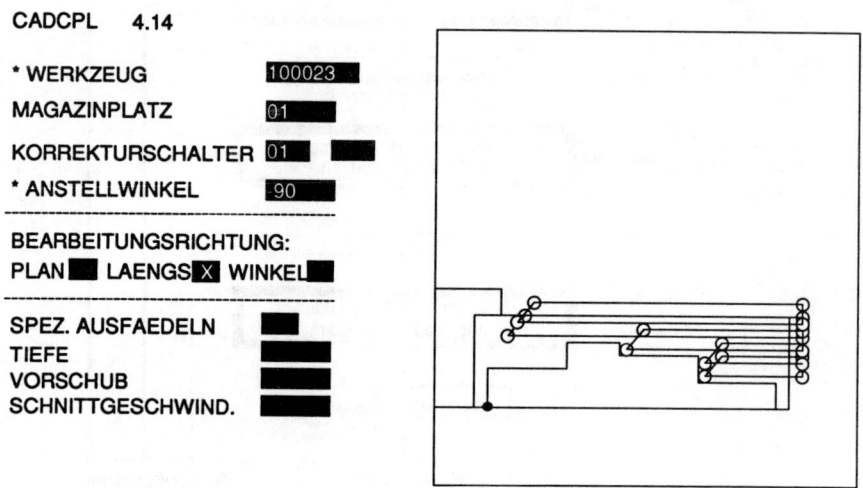

Bild 7: Bildschirmaufbau bei der grafisch interaktiven Programmierung /10/

12

Zur Erleichterung der Programmerstellung sowie zur Erhöhung der Sicherheit bei der Programmerstellung setzt sich in den letzten Jahren immer mehr die graphisch interaktive Programmierung durch /09/. Die Definition des Roh- und Fertigteiles erfolgt bei dieser Art der Programmierung im grafisch interaktiven Dialog, mit Hilfe von grafischen Grundelementen (Linie, Kreis etc.). Die Technologieplanung kann durch Einsatz der Maskentechnik vorgenommen werden. Die Ergebnisse der einzelnen Aktionen werden sofort am Bildschirm angezeigt (Bild 7). Das Ergebnis der grafisch interaktiven Programmierung ist meist ein Teileprogramm, welches bereits auf einem maschinell lesbaren Datenträger zur Verfügung steht. Das Teileprogramm, sprachorientiert oder grafisch interaktiv erstellt, wird mit Hilfe des Prozessors in einen Steuerlochstreifen umgewandelt (Bild 8).

Oft wird auch eine Kombination aus beiden Programmierverfahren angewendet.

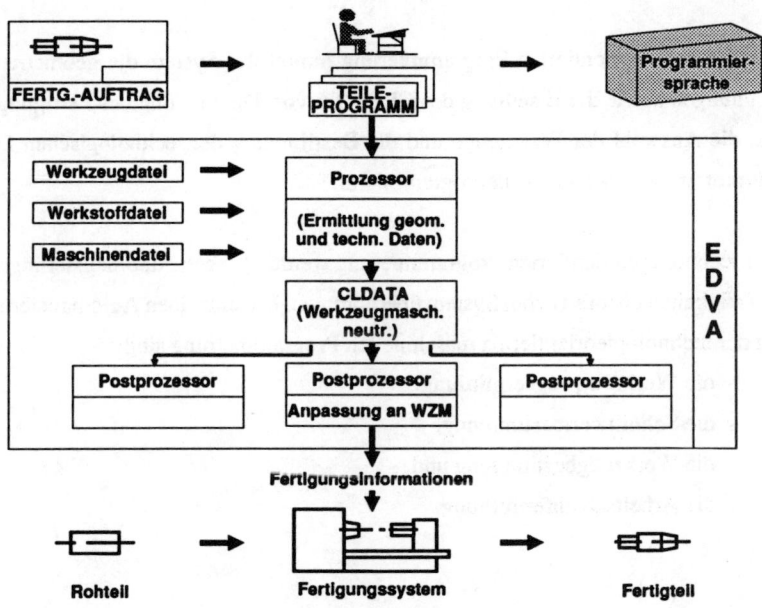

Bild 8: Prinzip der maschinellen Programmierung /08/

Ein wesentliches Merkmal der maschinellen Programmierung besteht darin, daß das Teileprogramm zunächst unabhängig von den jeweiligen Fertigungsmitteln erstellt werden kann. Der Prozessor erzeugt lediglich das CLDATA (Cutter Location Data), ein nach DIN 66215 genormtes Zwischenformat. In einem weiteren Schritt wird dieses CLDATA dann mit den sogenannten Postprozessoren an die jeweilige Maschinen-/Steuerungskombination angepaßt. Postprozessoren berücksichtigen das von der jeweiligen Steuereinheit geforderte Eingabeformat. Dieses Format ist nach DIN 66025 genormt und kann in die Steuerung eingelesen werden.

Beide Verfahren der maschinellen Programmierung, die sprachorientierte und die grafisch interaktive, lassen sich wiederum in eine
- geometrieorientierte oder
- technologieorientierte
Programmierung unterteilen /06/.

Bei der geometrieorientierten Programmierung nimmt das System die geometrischen Berechnungen sowie die Erstellung des CLDATA vor. Die Planung des Fertigungsablaufes, die Auswahl der Werkzeuge und die Bestimmung der technologischen Daten übernimmt immer noch der Teileprogrammierer.

Bei der technologieorientierten Programmierung werden je nach Automatisierungsgrad diese Tätigkeiten ebenfalls vom System übernommen. Die einzelnen Automatisierungsstufen der technologieorientierten maschinellen Programmierung sind:
- die Werkzeugwegeermittlung,
- die Schnittwertbestimmung,
- die Werkzeugbestimmung und
- die Arbeitsablaufermittlung.

Da allgemeingültige, durch die Zerspanungstheorie fundierte Verfahren zur Lösung der Probleme zu komplex sind, beschränkt man sich auf die Reproduktion von in der Praxis erprobten Daten, die zweckmäßigerweise in Dateien gespeichert werden /08/.

Die wichtigsten Dateien sind
- die Werkzeugdatei,
- die Werkstoffdatei,
- die Maschinendatei und
- die Arbeitsablaufdatei.

In diesen Dateien sind die technologischen Daten und die Bedingungen gespeichert, welche zur Erstellung der Fertigungsinformationen benötigt werden. Um eine größtmögliche Flexibilität zu erreichen, sind diese Dateien meist den unternehmensspezifischen Gegebenheiten anpaßbar.

2.2 Situationsanalyse

2.2.1 NC-Programmiersysteme

Es gibt NC-Programmiersysteme, die in CAD-Systeme eingebunden sind, und eigenständige NC-Programmiersysteme. Bei der ersten Art enthält das CAD-System ein NC-Modul, mit dem in grafisch interaktiver Arbeitsweise die NC-maßgebliche Geometrie aus der Datenbasis heraussortiert und die notwendigen Werkzeugwege programmiert werden können. Technologische Angaben, wie Schnittaufteilung und Schnittwerte, müssen vom Teileprogrammersteller zusätzlich eingegeben werden. Diese Art der NC-Programmierung wird hauptsächlich angewandt, wenn geometrisch komplexe Werkstücke mit Freiformflächen auf Werkzeugmaschinen mit drei und mehr NC-Achsen bearbeitet werden sollen. Bei dieser Aufgabe liegt das Hauptkriterium auf einer hohen geometrischen Leistungsfähigkeit des NC-Programmiersystems. Technologische Gesichtspunkte wie Werkzeugauswahl, Schnittwerte und Arbeitsabläufe treten hier in den

Hintergrund. Die Datenstrukturen von CAD-Systemen eignen sich in Verbindung mit einem einbezogenen NC-Modul zur Werkzeugwegermittlung bei solchen komplexen Geometrien /11/. In /12/ und /13/ ist eine Marktübersicht über CAD-Systeme zu finden. Wie Bild 9 zeigt, kann diesen Marktübersichten der Leistungsumfang der jeweiligen NC-Module der CAD-Systeme entnommen werden.

Die überwiegende Anzahl der eigenständigen Programmiersysteme ist ebenfalls geometrieorientiert /08/. /12/, /14/, /15/ und /16/ zeigen eine Marktübersicht über NC-Programmiersysteme. Bild 10 zeigt zusammengefaßt die in /14/ dargestellten Systeme. Die eigenständigen Programmiersysteme werden hauptsächlich nach dem Einsatzgebiet (Bearbeitungsverfahren) sowie nach der Technologieverarbeitung unterschieden. Eigenständige Programmiersysteme werden hauptsächlich dann eingesetzt, wenn besonders hohe Anforderungen an ein bestimmtes Bearbeitungsverfahren gestellt werden und eine hohe Automatisierungstiefe angestrebt wird. Bei geometrisch einfachen Programmieraufgaben tritt die Werkzeugwegermittlung gegenüber dem technologischen Ablauf in den Hintergrund. Das Angebot umfaßt spezielle Systeme und universelle Systeme.

Als spezielle Systeme werden solche bezeichnet, welche die Beschreibung von nur einer Bearbeitungsaufgabe erlauben oder innerhalb eines Bearbeitungsverfahrens eine hohe Automatisierungstiefe besitzen. Sie sind zum großen Teil von Werkzeugmaschinenherstellern entwickelt worden, die Maschinen für ein bestimmtes Bearbeitungsverfahren herstellen. Universelle Systeme ermöglichen dagegen die Beschreibung von mehreren unterschiedlichen Bearbeitungsverfahren. Sie werden hauptsächlich von neutralen Systemhäusern angeboten.

System	AutoCAD	BRAVO3	EUCLID	MEDUSA	PROREN
Hersteller	AUTODESK AG	Schlumberger Technologies	Matra Datavision	Computer Vision	ISYCON
Systemtyp					
2 D-System	●			●	●
2 1/2 D-System	in Vorber.				●
3 D-System	in Vorber.	●	●	●	●
Datenverwaltung					
Filestruktur	●			●	k. Angabe
CODASYL-Datenbank		●			k. Angabe
Relationale Datenbank			●		k. Angabe
Schnittstellen					
GKS			●		
IGES	●	●	●	●	●
VDA (FS)		●	●		
Programmschnittstelle	LISP	●	FORTRAN	FORTRAN	FORTRAN
NC-Programmierung	a. Anfrage	APT, Compact II	versch.	EXAPT, APT EUROAPT, GNC	EXAPT, APT EUROAPT, EASYPROG
Integriertes NC-Modul					
Drehen	a. Anfrage	●		●	●
Bohren, Fräsen	a. Anfrage	●	●	●	●
Stanzen, Nibbeln	a. Anfrage	●		●	●
Erodieren	a. Anfrage	●			●

● erfüllt

Bild 9: Übersicht CAD-Systeme (Auszug) /12,13/

System	APT	COMPACT IIe	EXAPT	MICRO-SICAN	RWT
Hersteller	FIDES	MDSI	EXAPT	Ekman Data	RWT
Bearbeitungsverfahren					
Drehen		●	●	●	●
Fräsen	●	●	●	●	●
Schleifen	●	●	●	●	O
Stanzen, Nibbeln	●	●	●	●	
Brennschneiden	●	●	●	●	●
Erodieren	●	●	●	●	●
Geometrie					
2D	●	●	●	●	●
2 1/2D	●	●	●	O	●
3D	●	●	●	O	O
5D	●	●	●	O	O
Technologie					
Anweisungen frei bestimmbar	●	●	●	●	O
Vorschub automatisch	O	●	●	O	●
Schnittgeschwindigkeit automatisch	O	●	●	O	●
automatische Arbeitsabläufe	O	●	●	◐	O
Schnittstellen					
zu CAD-Systemen	●	●	●	●	●

● möglich   ◐ teilweise möglich   O nicht möglich

Bild 10: Übersicht NC-Programmiersysteme /14/

Die automatisierte Ermittlung der Bearbeitungsabläufe auf Grund der technologischen Informationen ist sehr aufwendig und für jedes Bearbeitungsverfahren unterschiedlich. So steht zum Beispiel beim Drehen die Ermittlung der Schnittwege und der Schnittwerte im Vordergrund. Beim Bohren liegt das Hauptaugenmerk auf den Ermittlungen der fertigungstechnischen Aktionen (Arbeitsabläufe). Diese Tatsache hat bewirkt, daß sich die Entwicklung technologieorientierter Systeme an den speziellen Anforderungen einzelner Fertigungsverfahren orientiert hat. Aus diesem Grund sind auf dem Markt auch Programmiersysteme zu finden, welche die Beschreibung verschiedener Bearbeitungsaufgaben zulassen, aber nur in einem Verfahren eine hohe Automatisierungstiefe besitzen. Eine Möglichkeit, den Zusammenhang zwischen Automatisierungtiefe und Anwendungsbreite für ein Programmiersystem darzustellen, zeigt Bild 11.

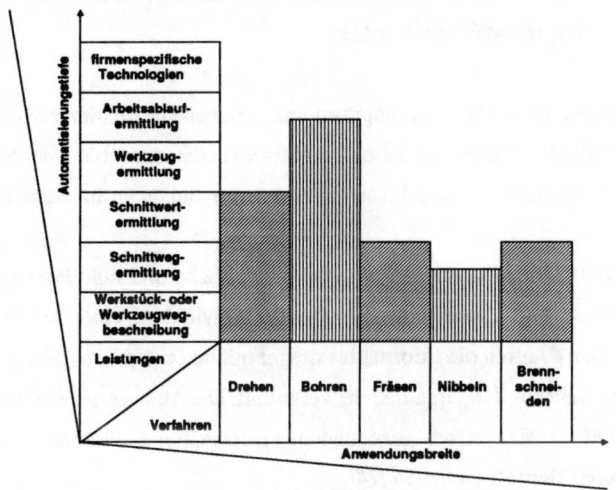

Bild 11: Charakterisierungsmöglichkeiten von NC-Programmiersystemen /08/

Zur Verkürzung der Programmerstellungszeiten wird in zunehmendem Maße die Datenübertragung von CAD-Systemen an NC-Programmiersysteme gefordert. Diese Forderung wollen die Programmiersystemhersteller erfüllen und bieten aus diesem Grund spezifische Schnittstellen und standardisierte Schnittstellen an - z.B. IGES (Initial

Graphics Exchange Specification). Spezifische Schnittstellen verbinden das NC-Programmiersystem mit bestimmten CAD-Systemen. Bei standardisierten Schnittstellen besteht die Möglichkeit, das NC-Programmiersystem mit allen CAD-Systemen zu verbinden, welche ebenfalls diese Standardschnittstellen unterstützen.

Welches NC-Programmiersystem in einem Unternehmen zum Einsatz kommt, ist abhängig vom Produktspektrum. Zur Auswahl stehen Richtlinien /17/ und Kriterienkataloge /18/ zur Verfügung. Die Nutzwertanalyse /19, 20, 21/ ist eine Methode, um ein geeignetes NC-Programmiersystem aus dem Marktangebot auszuwählen. Zur Unterstützung der Auswahl sind auch rechnergestützte Methoden /22/ entwickelt worden.

2.2.2 Ablauforganisation bei der Abwicklung eines NC--Programmierauftrages

Für die Konzeption eines NC-Planungssystems, welches informationstechnisch und ablauforganisatorisch integriert werden soll, ist es notwendig, den Ablauf der NC-Programmierung mit den entsprechenden Informationsträgern und deren Inhalten darzustellen.

Mit dem Begriff "Ablauforganisation" wird die zeitliche und räumliche Ordnung von Handhabungsvorgängen bezeichnet /23/. Bei der Abwicklung eines NC-Programmierauftrages werden dadurch die Informationsträger mit den entsprechenden Aufgaben bei der NC-Programmerstellung miteinander verknüpft. Die Ablauforganisation kennzeichnet den institutionalisierten, belegegebundenen Informationsfluß in bzw. zwischen den Abteilungs- oder Betriebseinheiten /24/.

Somit sind zur Darstellung der Ablauforganisation einerseits die Aufgaben in der NC-Programmierung und andererseits die Informationsflüsse darzustellen.

2.2.2.1 Tätigkeiten zur Programmerstellung

Mit Hilfe von Selbstaufschreibungen, die im Bereich der NC-Programmierung eines Maschinenbauunternehmens durchgeführt wurden, konnte ein genaues Tätigkeitsprofil ermittelt werden. In diesem Unternehmen war ein maschinelles NC-Programmiersystem in einer niedrigen Ausbaustufe installiert. Dieses System bot lediglich Unterstützung bei der Geometriedefinition, die Arbeitsabläufe und die Technologie mußten vom Programmierer geplant werden. Nach /25/ werden in der Bundesrepublik Deutschland 40 % der NC-Programme manuell, 40 % maschinell und 20 % im Mixed Mode erstellt. Maschinelle Programmiersysteme hoher Automatisierungsstufen sind in geringem Umfang im Einsatz. Die einzelnen Tätigkeiten zum Erstellen von NC-Programmen sind beim manuellen und maschinellen Programmieren in niedriger Ausbaustufe ähnlich. Der Programmierer erhält bei der Benutzung eines maschinellen Programmiersystems lediglich Unterstützung bei der Durchführung seiner Aufgabe. Erst der Einsatz eines maschinellen Programmiersystems mit hoher Automatisierungstiefe verändert das Tätigkeitsprofil in der NC-Programmierung. Aus den oben genannten Gründen kann das nachfolgend ermittelte Tätigkeitsprofil als repräsentativ angesehen werden. Bild 12 zeigt in zeitlicher Reihenfolge die Tätigkeiten zur Erstellung eines NC-Programmes mit den zugehörigen Zeitanteilen.

Tätigkeiten mit besonders hohen Zeitanteilen sind:
- das Festlegen der Werkzeuge (Werkzeugfestlegung),
- die Erstellung des Werkstückeinrichteblattes (Werkstückeinrichteblatt),
- das Definieren der Geometrie (Geometriedefinition),
- das Festlegen des Bearbeitungsablaufes (Bearbeitungsablauf),
- die Eingabe der erstellten Daten in den Rechner (EDV-Eingabe) und
- das Kontrollieren des NC-Programmes (Programmkontrolle).

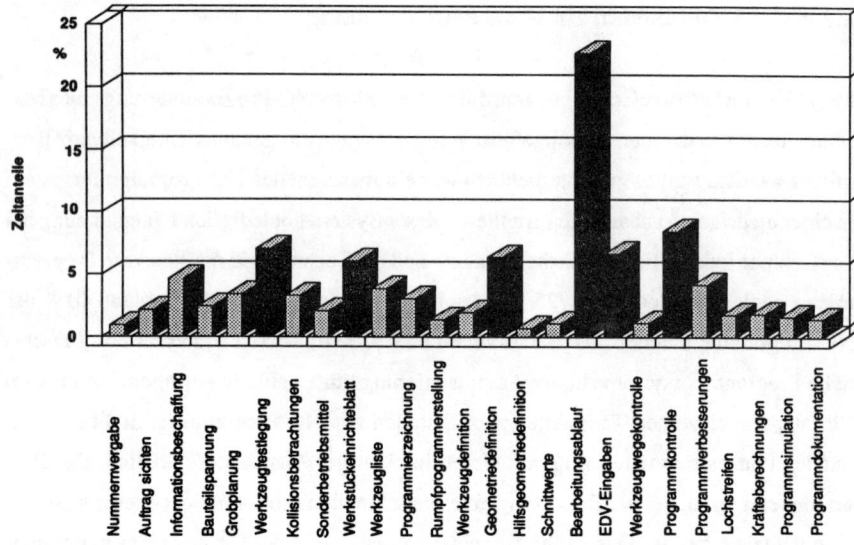

Bild 12: Zeitverteilung der Tätigkeiten in der NC-Programmierung

Beim Festlegen der Werkzeuge müssen die entsprechenden Werkzeugkomponenten aus den Betriebsmitteldateien herausgesucht werden. In sehr vielen Fällen existieren diese Betriebsmitteldateien nur in Papierform. So sind eine Reihe von Unterlagen durchzusehen, bis das geeignete Werkzeug gefunden wird. Teilweise findet man auch Datenbanken, welche die Auswahl rechnergestützt ermöglichen und beschleunigen. Grafische Unterstützung fehlt hier meistens noch, so daß immer noch das Papier als Informationsträger benötigt wird.

Das Werkstückeinrichteblatt wird benötigt, um dem Maschinenbediener die Spannsituation darzustellen, mit welcher das NC-Programm erstellt wurde. Häufig findet man auch die Bezeichnung Spannskizze. Zur Erstellung ist häufig eine langwierige Zeichenarbeit notwendig. Das Werkstück wird mit den zugehörigen Spannmethoden in das Einrichteblatt gezeichnet. Zusätzlich sind noch Maßangaben einzuzeichnen.

Bei der Definition der Geometrie wird die fertigungsrelevante Geometrie der Zeichnung entnommen und in der Nomenklatur des jeweiligen Programmiersystems definiert. Die Definition des Bearbeitungsablaufes ist die aufwendigste Tätigkeit bei der NC-Programmerstellung. Hier werden die Verfahrwege der Werkzeuge bestimmt und den einzelnen Verfahrwegen die entsprechenden Werkzeuge, Schnittgeschwindigkeiten und Vorschübe zugeordnet. Die Aufgabe des Programmierers ist es, den Bearbeitungablauf so festzulegen, daß die geforderte Qualität des Werkstückes erreicht wird. Bei hohen Qualitäten, wie z.B. hohen Oberflächengüten, hohen Form- und Lagetoleranzen, müssen aufwendige Zerspanungsabläufe geplant werden.

Die Simulationsmodule der maschinellen Programmiersysteme ermöglichen fast ausschließlich eine Simulation auf Basis der Prozessorausgabe (CLDATA). Aus diesem Grund werden nach dem Postprozessorlauf oftmals die entstandenen NC-Sätze manuell auf Richtigkeit überprüft. In besonders schwierigen Situationen werden die Werkzeugwege nochmals auf Papier aufgezeichnet.

Das Konzept eines integrierten NC-Planungssystems muß derart gestaltet werden, daß besonders diese aufwendigen, aber auch die übrigen Tätigkeiten mit Rechnerunterstützung beschleunigt werden. Ein weiterer wichtiger und ebenfalls zeitaufwendiger Punkt ist die Informationsbeschaffung zur Durchführung der oben genannten Tätigkeiten.

2.2.2.2 Informationsaustausch mit der NC-Programmierung

Zur Erleichterung der Informationsbeschaffung und für eine Integration des NC-Planungssystems aus ablauforganisatorischer Sicht ist eine genaue Kenntnis der Informationsflüsse mit ihren Inhalten erforderlich. Der Informationsaustausch findet heute zum größten Teil noch mit dem Papier als Informationsträger statt. Während der Auftragsbearbeitung tauscht die NC-Programmierung mit den in Bild 13 dargestellten Unternehmensbereichen Informationen aus.

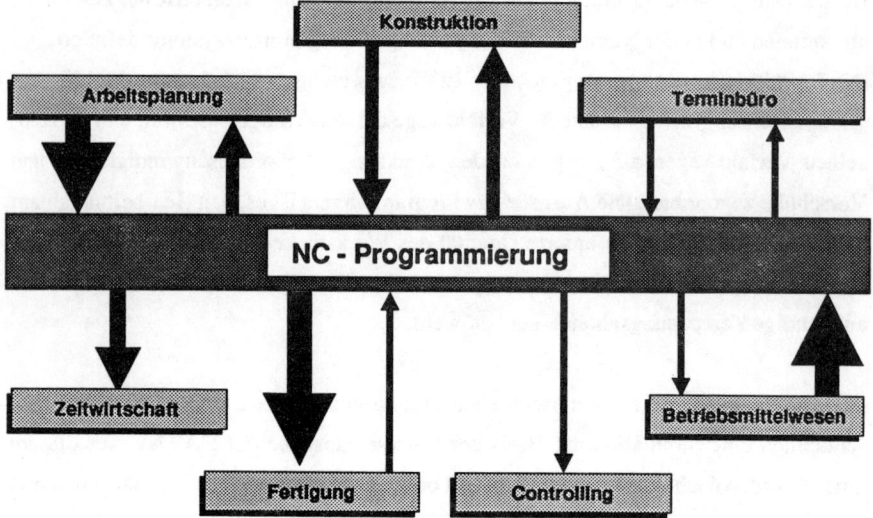

Bild 13: Informationsaustausch mit der NC-Programmierung

Das Terminbüro überwacht die zeitlichen Rahmenbedingungen, welche mit dem Kunden vereinbart sind. Somit legt diese Stelle den Zeitpunkt fest, an dem die NC-Programmierung mit der Erstellung des Teileprogrammes fertig sein muß. Während der Auftragsbearbeitung in der NC-Programmierung muß das Terminbüro ständig über den Auftragsstatus informiert werden. Zu diesem Zweck werden dem Terminbüro in regelmäßigen Abständen Listen zur Verfügung gestellt, aus denen die aktuellen Auftragszustände entnommen werden können.

Ein weiterer, wichtiger Kommunikationspartner ist die Arbeitsplanung. Die Arbeitsplanung bestimmt, im Rahmen ihrer Planungstätigkeiten, auf welchem Fertigungsmittel die jeweiligen Werkstücke bearbeitet werden sollen. Ist eine CNC-Werkzeugmaschine vorgesehen, so wird von der Arbeitsplanung die Erstellung eines NC-Programmes veranlaßt. Die Arbeitsplanung stellt der NC-Programmierung die notwendigen

Informationsunterlagen zur Verfügung. Im einzelnen sind dies der Arbeitsplan, die Werkstattzeichnung und eventuell zusätzliche Bearbeitungsvorgaben.

Beim Informationsaustausch mit der Konstruktion sind zwei unterschiedliche Verfahren zu finden. Wird in einem Unternehmen konventionell konstruiert, d.h. ohne Einsatz eines CAD-Systems, so erhält die NC-Programmierung die Informationen aus der Konstruktion über den Umweg der Arbeitsplanung in Form einer Werkstattzeichnung. Sind in einem Unternehmen ein CAD-System und ein NC-Programmiersystem im Einsatz und sind beide Systeme mit einer geeigneten Verbindungsstelle verknüpft, so werden die geometrischen Informationen aus der Konstruktion teilweise direkt übertragen. Hier ist der Informationsträger nicht mehr die Werkstattzeichnung in Papierform, sondern eine in der EDV gespeicherte Datei.

Die Informationen aus dem Terminbüro, aus der Arbeitsplanung und aus der Konstruktion müssen in der NC-Programmierung vor Beginn der Programmierung vorliegen. Während der Programmierung werden Informationen aus dem Betriebsmittelwesen benötigt. Der Programmierer bestimmt durch Verwendung von Standard- oder Sonderspannmitteln die Aufspannsituation und durch Auswahl von Standard- oder Sonderwerkzeugen den Zerspanungsablauf. Die notwendigen Informationen entnimmt er den Betriebsmittelkatalogen, welche vom Betriebsmittelwesen verwaltet und gepflegt werden. Die verwendeten Werkzeuge werden in Listen eingetragen. Diese Listen werden über das Betriebsmittelwesen, wo die Werkzeuge vor dem Einsatz vermessen und um die entsprechenden Korrekturdaten ergänzt werden, an die Fertigung weitergeleitet.

Zur Fertigung des entsprechenden Werkstückes sind die in der NC-Programmierung entstandenen Informationen weiterzuleiten. Zum Rüsten des Fertigungsmittels benötigt der Maschinenbediener eine Spannskizze, die entsprechende Werkzeugliste und das NC-Programm. Gerade beim Erstlauf von NC-Programmen muß ein intensiver Informationsaustausch mit der NC-Programmierung stattfinden, denn nur so kann auf eventuell aufgetretene Fehler reagiert und gemeinsam eine Lösung gefunden werden.

Ergebnisse aus der NC-Programmierung fließen nach Auftragsabschluß an die Bereiche Zeitwirtschaft und Controlling. Die Zeitwirtschaft benötigt hauptsächlich Zeitangaben, um Stück- und Rüstzeitberechnungen durchführen zu können. Das Controlling rechnet mit Hilfe der Programmierzeiten die Gehaltskosten anteilmäßig auf die entsprechenden Aufträge um.

Aus den Ergebnissen der Situationsanalyse lassen sich die Anforderungen an ein integriertes NC-Planungssystem ableiten.

3. Systemtechnische Verbindungsmöglichkeiten

3.1 Definitionen

Bei der Integration von Systemkomponenten in ein ganzheitliches CIM-Konzept kommt der Schnittstellenproblematik eine zentrale Bedeutung zu. Unter einer Schnittstelle ist die "Verbindungsstelle" zweier interagierender Systeme zu verstehen. Sie kann folgendermaßen definiert werden:

Eine Schnittstelle ist ein System von Bedingungen, Regeln und Vereinbarungen, das den Informationsaustausch zweier miteinander kommunizierender Systeme oder Systemkomponenten festlegt /26/.

Wie Bild 14 zeigt, wird eine Gliederung in Hardwareschnittstellen und Softwareschnittstellen vorgenommen.

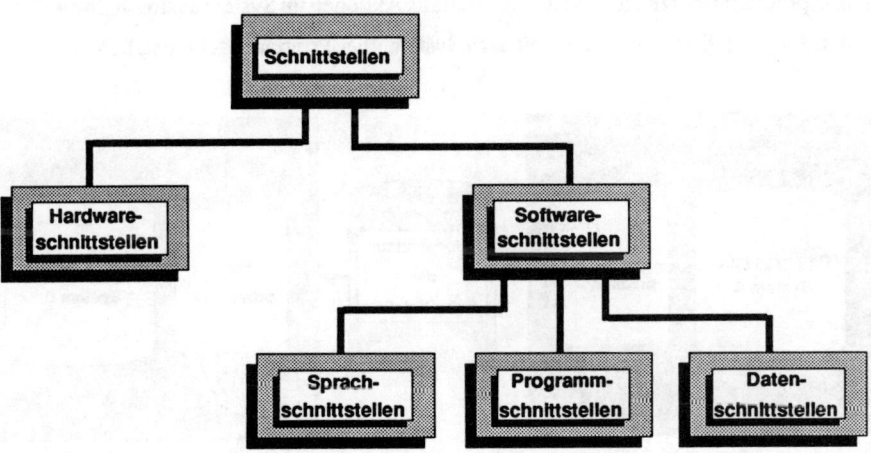

Bild 14: Gliederung von Schnittstellen

27

Eine weitverbreitete Hardwareschnittstelle zur Übertragung binärer Daten, Steuer- und Schrittaktsignale ist die V24-Schnittstelle, auch bekannt als RS 232-Schnittstelle. Diese Schnittstelle beschreibt die Zuordnung unterschiedlicher Signale zu bestimmten Leitungen. Diese Hardwareschnittstellen spielen bei der Verbindung von verschiedenen CA-Komponenten eher eine untergeordnete Rolle, da das primäre Problem die Umwandlung in die jeweils andere Datenstruktur ist. Zur Übertragung der umgewandelten Daten auf andere Rechenanlagen stehen heute leistungsfähige Netzwerke zur Verfügung.

Softwareschnittstellen lassen sich wiederum unterscheiden in Sprachschnittstellen, Programmschnittstellen und Datenschnittstellen.

Die Sprachschnittstelle ist beispielsweise für den Benutzer eines CAD-Systems von Bedeutung /26/. Durch Eingaben von Befehlen in einer bestimmten Sprachsyntax kommuniziert der Benutzer mit dem System. Aufgrund der eingegebenen Befehle werden vom System bestimmte Aktionen ausgeführt. Eine große Anzahl von Systemen verfügt über systemeigene Programmiersprachen. Mit Hilfe dieser Programmiersprachen können Benutzerprogramme erzeugt werden, die ebenfalls Aktionen im System auslösen. In diesem Fall erfolgt die Kommunikation mit dem System über Programmschnittstellen.

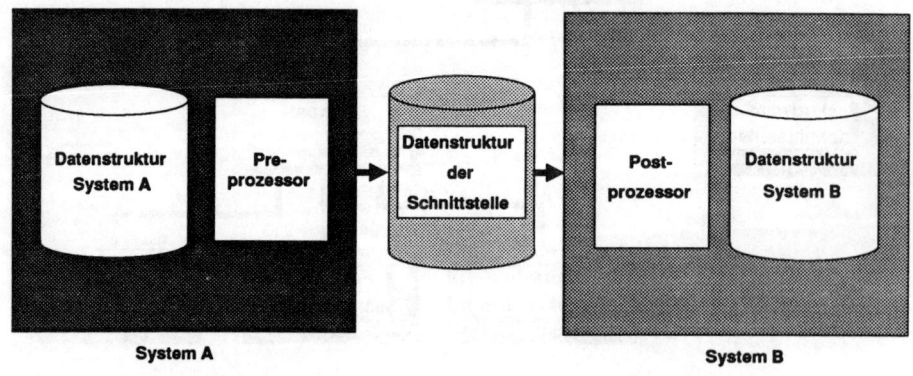

Bild 15: Prinzip des Datenaustausches über Datenschnittstellen

Datenschnittstellen verfügen über eine definierte Menge strukturierter Daten (Datenstrukturen), die auf Speichermedien abgelegt sind. Bild 15 zeigt das Übertragungsprinzip mit einer Datenschnittstelle. Die Datenstruktur des Systems A wird mit Hilfe eines Programmes (Preprozessor) in die Datenstruktur der Schnittstelle umgewandelt. Die Datenstruktur der Schnittstelle kann, wenn das jeweilige System über ein Wandlungsprogramm (Postprozessor) zum Lesen der Datenstruktur verfügt, von einem System B gelesen und in die Struktur des Systems B umgewandelt werden.

Eine vereinfachte Lösung wäre die direkte Umwandlung von Struktur A in Struktur B, ohne Verwendung der Datenstruktur der Schnittstelle. Die Umwandlung von Datenstrukturen über Datenschnittstellen zur Verwendung in weiteren Teilsystemen ist eine wesentliche Aufgabe bei der Konzeption eines ganzheitlichen CIM-Konzeptes.

Zur Realisierung des Datenaustausches zwischen den Systemen stehen verschiedene Alternativen zur Verfügung.

3.2 Kopplungsmöglichkeiten von Systemen

Die Verbindung unterschiedlicher Teilsysteme kann durch eine
- direkte Kopplung,
- Kopplung über eine neutrale Schnittstelle und
- Kopplung über ein Datenbanksystem

realisiert werden (Bild 16).

Bei der direkten Kopplung wird die Datenstruktur des sendenden Systems mit Hilfe eines speziellen Übersetzungsprogramms direkt in die Datenstruktur des empfangenden Systems umgewandelt /27/. Die direkte Kopplung bietet sich an, wenn mit dem sendenden System nur ein empfangendes System verbunden werden soll. Für jedes weitere System müßte ein weiteres Umwandlungsprogramm entwickelt werden. Zur Kommunikation von n Systemen untereinander ist somit die Entwicklung von n x (n - 1) Umwandlungsprogrammen erforderlich. Der Aufwand für die Verbindung von mehreren Systemen mit der direkten Kopplung wird dadurch unwirtschaftlich.

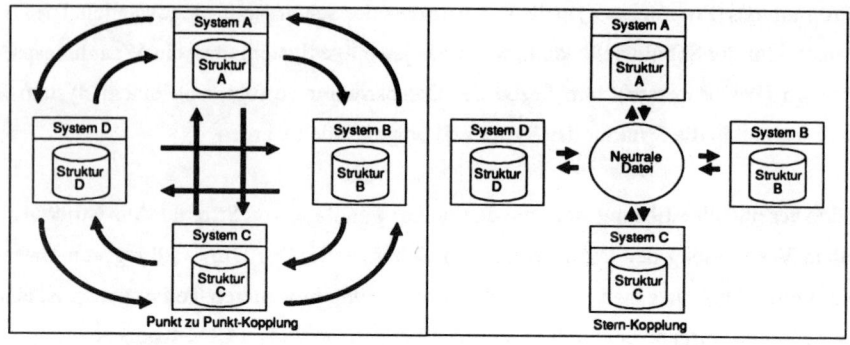

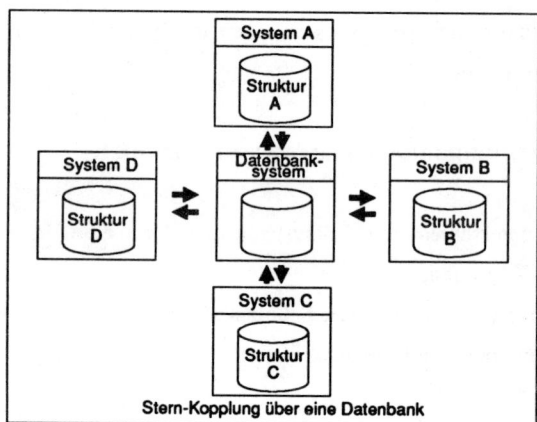

Bild 16: Kopplungsvarianten von Systemen /28/

Beim Einsatz von mehreren Systemen sollte die Kopplung über eine neutrale Schnittstelle angestrebt werden. Bei diesem Prinzip wird die Datenstruktur zunächst in ein systemunabhängiges Format umgewandelt. Dieses systemunabhängige Format kann von jedem weiteren System, welches das entsprechende Umwandlungsprogramm zur Verfügung hat, gelesen und in die eigene Struktur umgewandelt werden. Bei diesem Vorgehen werden für n Systeme nur 2 x n Konvertierungsprogramme benötigt. Der Datenaustausch über systemneutrale Schnittstellen ist am weitesten im CAD-Bereich fortgeschritten. Für die meisten heute im Einsatz befindlichen CAD-Systeme sind Konvertierungsprogramme in systemneutrale Datenformate verfügbar.

Die Kopplung von Systemen über ein Datenbanksystem wird in jüngster Zeit immer häufiger diskutiert. Die Grundfunktionen von Datenbanken sind die Speicherung und Abfrage von Daten in beliebiger vom Benutzer gestalteten Form. Datenbanken eignen sich aber aufgrund der frei definierbaren Datenstruktur ebenfalls als Bindeglied zwischen verschiedenen Systemen. Der Einsatz von Datenbanken ist besonders vorteilhaft bei der Übertragung von Auftrags- und Betriebsdaten. Diese Daten werden häufig auch ohne Verwendung eines Teilsystems (z.B. PPS-System, BDE-System) zur Informationsbeschaffung benötigt. Das Verwalten, Kopieren, Ändern, Suchen und Ablegen von Daten kann effizient nur mit Hilfe von Datenbanken erledigt werden. Sie eignen sich aufgrund des hohen Benutzerkomforts hinsichtlich des Anlegens und Änderns von Datenstrukturen, Dateien, Masken, Zugriffspfaden und Schlüsseln für diese Aufgaben /29/.

Welche Art der Systemkopplung zur Anwendung kommt, wird stark vom Anwendungsfall und dem Gesamtkonzept, welches angestrebt wird, abhängig sein.

3.3   Informationstechnische Ebenen der Systemverbindungen

Mit technisch orientierten Systemen wie CAD- oder CAP-Systemen, werden produkt- und produktionsdefinierende Tätigkeiten ausgeführt. Bei der Verbindung dieser Systeme steht der rechnerunterstützte Datenaustausch im Vordergrund. Zur Erreichung einer rechnerintegrierten Auftragsabwicklung müssen die funktionsorientierten Systeme ebenfalls mit den organisatorischen Bereichen kommunizieren. In den organisatorischen Bereichen findet man in den PPS-Systemen die Funktionen, die u.a. den Vertrieb, die

Materialwirtschaft und die Fertigungssteuerung unterstützen /30/. Die Funktionen der
PPS-Systeme werden nach /31/ wie folgt gegliedert:

- Produktionsprogrammplanung,
- Mengenplanung,
- Termin- und Kapazitätsplanung,
- Auftragsveranlassung und
- Auftragsüberwachung.

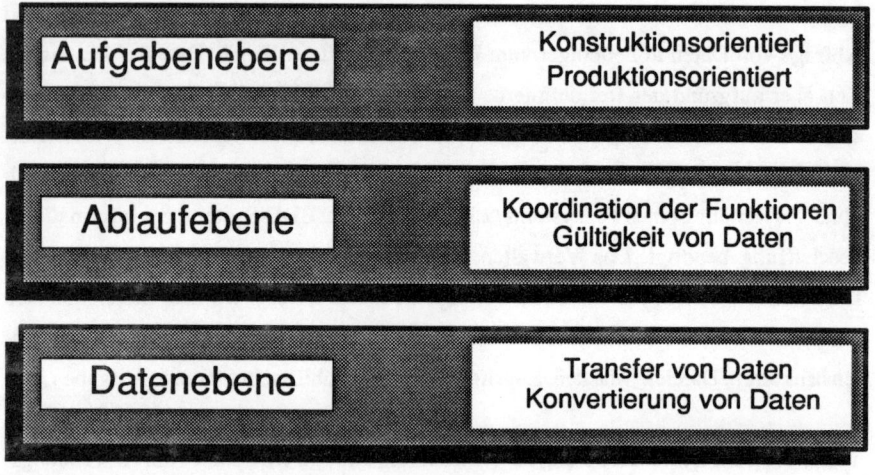

Bild 17: Schichten der Integration von CIM-Bausteinen /30/

Aufgrund dieser Aufgaben ist für eine Verbindung von technisch orientierten Systemen
(CAD,CAP) und organisationsorientierten Systemen (PPS) der rechnergestützte Datenaustausch alleine nicht ausreichend. Die Kommunikation zwischen diesen Systemen
muß nach /30/ in drei Schichten,

- der datentechnischen,
- der ablauforganisatorischen und
- der aufgabenorientierten Schicht

erfolgen.

32

Die einzelnen Schichten (Bild 17) übernehmen dabei folgende Funktionen:

- Die **datentechnische Schicht** dient dem rechnergestützten Austausch von Daten zwischen den einzelnen Systemen. In dieser Schicht wird der Datentransfer zwischen CAx-Systemen gleicher Funktionalität, zwischen CAx-Systemen unterschiedlicher Funktionalität sowie zwischen PPS- und CAx-Systemen durchgeführt.

- Die **ablauforganisatorische Schicht** dient der Koordination der einzelnen Datenaustauschaktionen zwischen verschiedenen Systemen und der zeitlich richtigen Abfolge einzelner Funktionen und Tätigkeiten. Beispiele hierfür sind das Verwalten der Zusammengehörigkeit von Daten, die Veranlassung der Datenkonvertierung und die terminliche Kontrolle von Aktionen.

- Die **aufgabenorientierte Schicht** dient der Unterstützung der einzelnen an der Kommunikation beteiligten Systeme. Diese Schicht stellt die Benutzeroberfläche einer Systemverbindung dar. Der Benutzer wird beispielsweise durch Such- und Archivierungsfunktionen oder termin- und kostenüberwachende Funktionen unterstützt.

Zur Realisierung der untersten Schicht sind heute standardisierte Schnittstellen zum Austausch von produktdefinierenden Daten verfügbar. Die weiteren Ebenen müssen softwaretechnisch in Abhängigkeit von jeweils miteinander kommunizierenden Systemen realisiert werden.

Werden nicht nur zwei Systeme miteinander verbunden, sondern sollen im Rahmen eines ganzheitlichen Konzeptes sukzessive mehrere Systeme integriert werden, so hat die Verbindung über eine neutrale Datei oder über ein Datenbanksystem entscheidende Vorteile.

33

3.4 Standardschnittstellen

Neben vielen anwendungs- und unternehmensspezifischen neutralen Schnittstellen wird heute in nationalen und internationalen Gremien an der Definition von neutralen Daten-austauschformaten gearbeitet /32, 33/. Bild 18 zeigt eine Übersicht über diese Formate.

Bis zum Jahre 1984 wurden die Diskussionen hauptsächlich auf nationaler Ebene durch-geführt. In den USA wurde unter Federführung des National Bureau of Standards die Schnittstelle IGES (Initial Graphics Exchange Specification) entwickelt. Frankreich befaßte sich unter der Aufsicht des Flugzeugkonzerns Aerospatiale mit dem Format SET (Standard d'Echange et de Transfert). In Deutschland wurde vom Verband der Automo-bilindustrie (VDA) die VDAFS (VDA-Flächenschnittstelle) geschaffen /28/. Für die obengenannten Schnittstellenprotokolle stehen von den meisten Systemherstellern auch die notwendigen Prozessoren zur Verfügung.

So können derzeit zur Lösung der aktuellen Datenaustauschprobleme drei neutrale Schnittstellen eingesetzt werden:
- IGES Version 2.0 bzw. Version 3.0,
- SET Version 1.1,
- VDAFS Version 1.0 /34, 37/.

Diese Schnittstellen werden sowohl zum Datenaustausch zwischen verschiedenen CAD-Systemen als auch zwischen CAD-Systemen und den weiterverarbeitenden CAx-Syste-men (CAP,CAQ etc.) eingesetzt. Im folgenden wird auf diese Spezifikationen näher eingegangen.

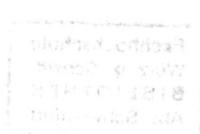

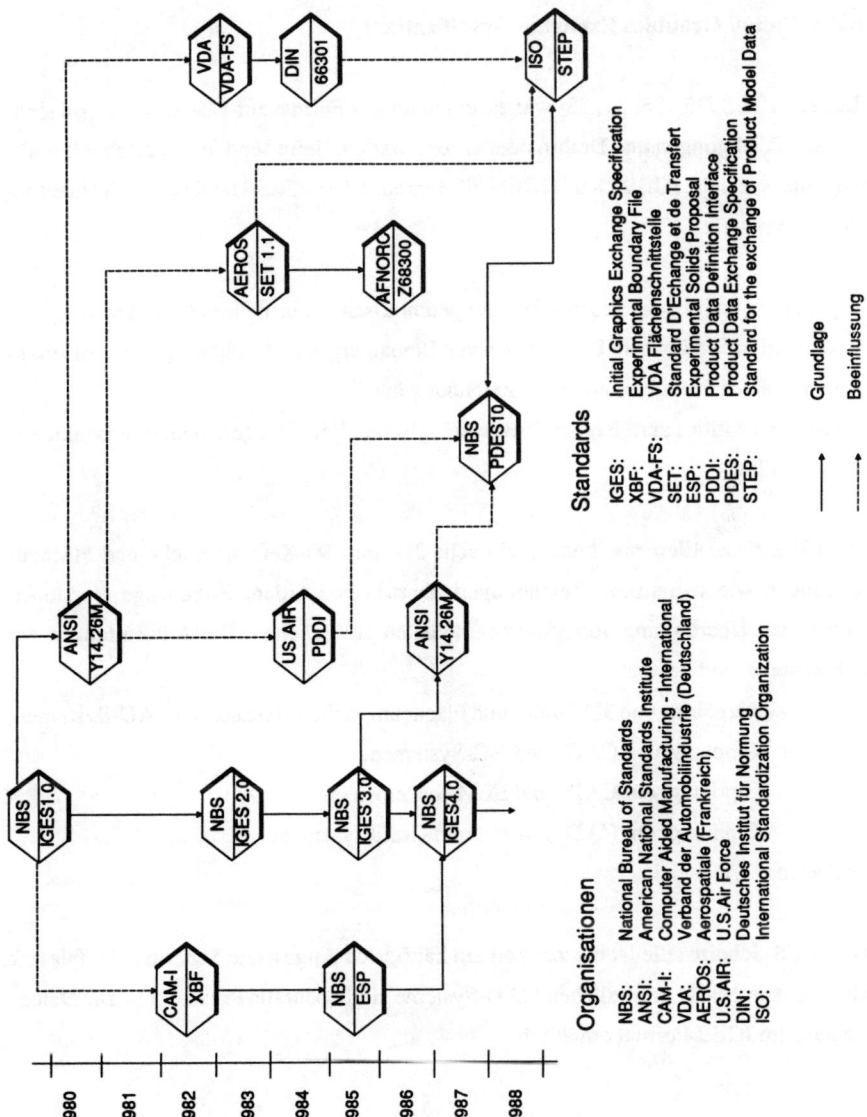

Standards

IGES:	Initial Graphics Exchange Specification
XBF:	Experimental Boundary File
VDA-FS:	VDA Flächenschnittstelle
SET:	Standard D'Echange et de Transfert
ESP:	Experimental Solids Proposal
PDDI:	Product Data Definition Interface
PDES:	Product Data Exchange Specification
STEP:	Standard for the exchange of Product Model Data

↑ Grundlage

↑ Beeinflussung

Organisationen

NBS:	National Bureau of Standards
ANSI:	American National Standards Institute
CAM-I:	Computer Aided Manufacturing - International
VDA:	Verband der Automobilindustrie (Deutschland)
AEROS:	Aerospatiale (Frankreich)
U.S.AIR:	U.S.Air Force
DIN:	Deutsches Institut für Normung
ISO:	International Standardization Organization

Bild 18: Internationale Entwicklungsarbeit zur Entwicklung von STEP /28/

IGES (Initial Graphics Exchange Specification)

Ziel von IGES /35, 36, 37, 38/ war es, ein neutrales Format zur Übertragung von technischen Zeichnungen und Drahtmodellen zu schaffen. Beim Modellaustausch mit IGES wird eine spezielle IGES-Datei (IGES-File) erzeugt. Die IGES-Datei kann folgende Elemente enthalten:

- geometry entity zum Beschreiben der geometrischen Form eines Produktes,
- annotation entities zum Beschreiben von Bemaßungen und technologischen Informationen eines Produktes auf einer Zeichnung und
- structure entities zum Beschreiben von logischen Beziehungen in einer Produktdefinition /28/.

Mit Hilfe dieser Elemente können einfache 2D- und 3D-Kantenmodelle und Flächenmodelle sowie technische Zeichnungen übertragen werden. Zukünftige Versionen werden die Übertragung von Volumenmodellen ermöglichen. Die Anwendungen der Schnittstelle sind bei der

- Übernahme von 3D-Draht- und Flächenmodellen von anderen CAD-Systemen,
- Kopplung von CAD- und NC-Systemen,
- Kopplung von CAD- und FEM-Systemen und
- Kopplung von CAD- mit anderen Grafiksystemen

zu finden.

Die IGES-Schnittstelle ist die zur Zeit am häufigsten eingesetzte Schnittstelle. Für fast alle auf dem Markt befindlichen CAD-Systeme sind ebenfalls Prozessoren zur Datenausgabe im IGES-Format erhältlich.

SET (Standard d'Echange et de Transfert)

Die SET-Schnittstelle /39/ wurde in Frankreich als Alternative zu IGES entwickelt. Bei der Entwicklung von SET wird über den reinen Datenaustausch hinaus das Ziel verfolgt, sämtliche in CAD-Systemen verfügbaren Modelldaten vollständig in einer generalisierten Datenbank abzulegen /28/.

Zum Datenaustausch wird wie beim IGES-Prinzip eine spezielle Datei erzeugt. Die Modellbeschreibung erfolgt ebenfalls über Elemente, wobei im Gegensatz zu IGES ein erweiterter Umfang zur Verfügung steht. SET wird bisher nahezu ausschließlich in Europa, und zwar im Flugzeugbau eingesetzt. Gegenstand der derzeitigen Entwicklungen sind Spezifikationen zur Übertragung von FEM-Daten und NC-Daten /27/.

VDAFS (VDA-Flächenschnittstelle)

Die VDA-Flächenschnittstelle /40, 41/ wurde vom Verband der Automobilindustrie (VDA) speziell zum Übertragen von Freiformflächen beliebigen Grades geschaffen /28/. Der Leistungsumfang von IGES und SET genügte den Anforderungen der Automobilindustrie nicht, da gerade im Karosseriebereich die Übertragung von Freiformkurven und -flächen notwendig ist. Der Elementumfang der VDA-Flächenschnittstelle ist sehr gering. Mit Hilfe der Elemente

- Einzelpunkt,
- Punktfolge,
- Punktfolge und Richtungsvektoren,
- Kurve in Polynomdarstellung und
- Fläche in Polynomdarstellung

ist die Übertragung von reinen Geometrieinformationen möglich, und es wurden die Anforderungen der Automobilindustrie erfüllt.

Stellt man die heute verfügbaren Schnittstellen gegenüber (Bild 19), so erkennt man

- eine funktionale Ähnlichkeit von IGES und SET bezüglich geometrischer und zeich-
  nungstechnischer Daten,
- eine Beschränkung auf geometrische Probleme in VDAFS /28/.

Wie Bild 19 zeigt, existieren noch weitere Schnittstellenspezifikationen (ESP, PDDI etc.). Für diese Formate stehen aber noch keine käuflich erwerbbaren Prozessoren zur Verfügung. Ein Teil dieser Schnittstellen wurde nur unter Forschungsgesichtspunkten entwickelt (z.B. PDDI). Die pilothafte Implementierung dient lediglich der Überprüfung der Konzepte /28/.

Die Ergebnisse sämtlicher Entwicklungen werden aber in die Entwicklung einer inter-national genormten Schnittstelle einfließen. Seit 1984 wird unter der Federführung der ISO (International Standardization Organization) an der Entwicklung einer neuen Schnittstelle mit dem Namen STEP (Standard for the Exchange of Product Model Data) gearbeitet. Hierdurch soll auf internationaler Ebene eine einheitliche Datenübertragung erreicht werden. Das Ziel ist es, eine Schnittstelle zu entwickeln, die es erlaubt, nicht nur Geometriemodell- sondern auch Produktmodelldaten zu übertragen. Unter Produktmo-delldaten werden geometrische und technologische Darstellungsdaten sowie administra-tive Daten verstanden /27/.

STEP soll dann die Anforderungen in allen Anwendungsbereichen der Datenübertra-gung zwischen verschiedenen Systemkomponenten abdecken. Sobald die notwendigen Prozessoren für STEP zur Verfügung stehen, kann wahrscheinlich auf die Entwicklung von spezifischen Schnittstellen verzichtet werden.

In /28/ wird der Abschluß der Normungsarbeiten von STEP für Ende 1988 prognosti-ziert. Dieser Zeitpunkt ist inzwischen überschritten, und ein Ende der Normungsarbeit ist noch nicht abzusehen. Der in /34/ angenommene industrielle Einsatz von STEP für

Klasse	Elemente	IGES 2.0	SET 1.1	VDAFS	ESP	PDDI
Geometrie	- Matrizen, Vektoren	●	●	◐	●	●
	- Punkte, Kanten	●	●	○	●	●
	- analytische Kurven (z.B. Kreis)	●	●	○	●	●
	- Freiformkurven (z.B. B-Spline)	◐	●	●	◐	●
	- analytische Flächen (z.B. Ebene)	●	●	○	●	●
	- Freiformflächen (z.B. Spline-Fläche)	◐	●	●	◐	●
	- topologische Elemente (z.B. Eckpunkte)	○	○	○	●	●
	- Volumenprimitive (z.B. Quader)	○	○	○	●	○
	- CSG-Operationen	○	○	○	●	○
Zeichnungserstellung	- Zeichnung,Zeichnungsinformationen	●	●	○	○	○
	- Ansichten	●	●	○	○	◐
	- Texte, Zeichensätze	●	●	○	○	◐
	- Symbole, Teilbilder	●	●	○	○	◐
	- Massbilder, Schraffuren	●	●	○	○	○
	- grafische Darstellung (Sichtbarkeit, Farbe, Dicke, Stifte,........)	●	●	○	○	◐
Assoziativitäten Relationen	- Geometrie ←→ Grafik	●	●	○	○	●
	- Geometrie ←→ Zeichnungselemente	○	○	○	○	◐
	- Geometrie ←→ Fertigung	○	○	○	○	◐
	- Ebenen, Sichtbarkeit	●	●	●	○	●
	- Gruppierung	●	●	○	○	●
	- definierbare Assoziativitäten	●	●	○	○	●
	- definierbare Eigenschaften (Properties)	●	●	○	○	●
	- externe Referenzen	○	●	○	○	●
Technologie/ Anwendung	- Toleranzen	○	○	○	○	●
	- technische Angaben (z. B. Material ....)	○	○	○	○	●
	- technische Elemente (z. B. Flansch........)	○	○	○	○	◐
	- organisatorische Angaben (z. B. Stückliste......)	○	○	○	○	○
	- Fertigungsinformationen (NC)	●	○	○	○	○
	- mechanische Konstruktion	●	○	●	●	●
	- Elektrik / Elektronik	●	○	○	○	○
Definition Interpretation	- Dateiinformation	●	●	●	○	●
	- Voreinstellungen	●	●	●	○	●
	- Interpretationsregeln	◐	◐	○	○	●
	- benutzerspezifische Elemente	◐	◐	○	○	●
	- Elementschema, -definition	○	○	○	○	●
	- alternative Elementpräsentation	○	○	○	●	●
	- Parametrisierung	●	●	○	○	○

● berücksichtigt
◐ teilweise
○ nicht berücksichtigt

Bild 19: Vergleich des Leistungsumfangs von standardisierten Schnittstellen /28/

das Jahr 1990 wird sich deshalb noch verzögern. Weiterhin müssen noch die notwendigen Prozessoren von den jeweiligen Systemherstellern entwickelt werden und hierbei umfangreiche Tests durchgeführt werden. Dies bedeutet zugleich , daß - zumindest für die Übergangszeit und möglicherweise auch darüber hinaus -, der Modellaustausch auf Basis der existierenden Schnittstellen IGES, SET und VDAFS erfolgen wird /28/. Reicht für bestimmte Anwendungsbereiche der Leistungsumfang der verfügbaren Standardschnittstellen nicht aus, oder stehen systemseitig keine Prozessoren zur Verfügung, müssen nach wie vor spezifische Schnittstellen entwickelt werden.

4. Anforderungen an ein integriertes NC-Planungssystem

4.1 Allgemeines

Die rechnerintegrierte Produktion (CIM) ist, wie vielfach erwähnt, ein Konzept zur integrierten Nutzung von Teilesystemen, welche an der Auftragsabwicklung beteiligt sind /01/. Soll das Zusammenwirken zahlreicher unterschiedlicher Teilsysteme und die Integration neu hinzukommender Teilsysteme gewährleistet sein, so ist trotz der vielseitigen und individuellen softwaretechnischen Einbindungsmöglichkeiten ein für ein Unternehmen einheitliches und bereichsübergreifendes Konzept der Integration der einzelnen Komponenten erforderlich. Bild 20 zeigt ein mögliches CIM-Konzept.

Während CAD-Systeme zur rechnergestützten Konstruktion eingesetzt werden und hierbei zur Erstellung und Modifikation von Geometrie ebenso wie zur Simulation und Berechnung (FEM = Finite Elemente) herangezogen werden, stellen CAP-Systeme weiterverarbeitende, fertigungsbezogene Systeme dar (Beispiel: Systeme zur NC-Programmierung).

PPS-Systeme ergänzen die Bausteine der technischen Auftragsabwicklung aus verwaltungstechnischer Sicht. Sie vereinen in sich modular aufgebaute Funktionen, die über Termin- und Kapazitätsplanung wie auch über die Mengenplanung eine kosten- und termintreue Abwicklung der Kundenaufträge mit minimalen Durchlaufzeiten unterstützen sollen. PPS-Systeme übernehmen somit die Steuerung der technischen Auftragsabwicklungssysteme. Hierfür muß das PPS-System ständig aktualisierte Auftragsdaten zur Verfügung haben. Zur permanenten Aktualisierung der Auftragsdaten einerseits und zur Erweiterung der Grunddaten andererseits muß ein reger Datenaustausch zwischen den technisch orientierten Auftragsabwicklungssystemen und dem organisationsorientierten PPS-System stattfinden. Parallel dazu besteht, wie Bild 20 zeigt, zwischen den Bausteinen der technischen Auftragsabwicklung ein Austausch von Daten, für die im PPS-System zur Durchführung der verwaltungstechnischen Aufgaben in der Regel keine

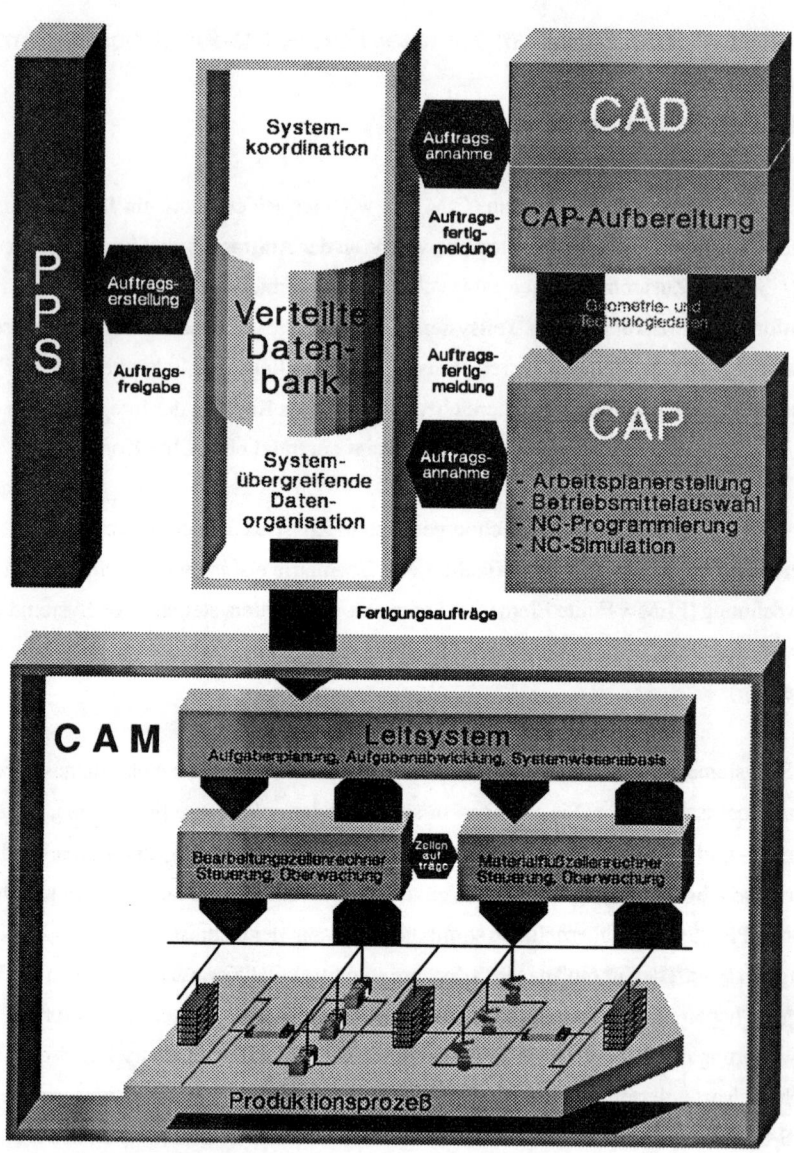

Bild 20: Bausteine der rechnerintegrierten Produktion

Verwendung vorhanden ist. Beispielsweise müssen Geometriedaten, welche im CAD-System entstehen, oder NC-Programme, welche die Verfahranweisungen für die Werkzeugmaschinen enthalten, nicht ins PPS-System transferiert werden. Im PPS-System ist lediglich der Archivierungsort dieser Daten zu speichern.

Auf Werkstattebene (CAM) wird die Steuerung der Einzelkomponenten von der Leittechnik übernommen. Im Produktionsprozeß werden dann Informationsfluß und Materialfluß zur Herstellung des Produkts in geeigneter Weise koordiniert.

Wird ein weiteres Teilsystem in ein CIM-Konzept integriert, so ist die

- datentechnische Verbindung mit sämtlichen informationssendenden und informationsempfangenden Teilsystemen,

- die Anpassung des Systems und der Verbindungsstellen an die Aufbau- und Ablauforganisation und

- die Steuerung des Informationsflusses durch das PPS-System

zu lösen.

4.2   Folgerungen aus dem Stand der Technik

Die Analyse des Standes der Technik hat gezeigt, daß zur Erstellung von NC-Programmen NC-Programmiersysteme mit unterschiedlichen Leistungsfähigkeiten zur Verfügung stehen. Entsprechend den Anforderungen kann zwischen geometrieorientierten und technologieorientierten Systemen gewählt werden. Das Ziel der Entwicklungen war bisher die Steigerung des Automatisierungsgrades der Einzelsysteme, wodurch der Anwender bei der Erstellung von NC-Programmen unterstützt wird.

43

Zur Unterstützung bei der Abwicklung von NC-Programmieraufträgen werden noch zusätzliche Funktionen, welche hauptsächlich der schnellen und gezielten Informationsbeschaffung dienen, benötigt.

Zur Reduzierung des Eingabeaufwandes auf der NC-Seite werden in zunehmendem Maße CAD/NC-Verbindungen geschaffen. Hierfür stehen heute standardisierte Verbindungsstellen zur Verfügung. Mit Hilfe dieser Verbindungen kann der reine Datentransfer realisiert werden. Die Leistungsfähigkeit dieser Verbindungsstellen läßt aber immer noch Wünsche offen.

Die Forderungen, welche an die zukünftige Produktion gestellt werden, verdeutlichen, daß für die optimale Durchführung von NC-Programmieraufträgen ein gesteuerter und dadurch optimierter Informationsfluß notwendig ist. Für die Verbindung des NC-Programmiersystems mit den weiteren Teilsystemen eines CIM-Konzeptes bedeutet dies, daß über den reinen Datentransfer hinaus eine Integration der Systeme (siehe Kap. 4.1) erreicht werden muß. Die heute verfügbaren NC-Programmiersysteme und Verbindungsstellen können lediglich als Basis für die Entwicklung eines integrierten NC-Planungssystems dienen, da:

- die Wirtschaftlichkeit des CAD/NC-Datentransfers durch einen hohen Aufbereitungsaufwand auf der NC-Seite noch nicht gewährleistet ist,

- Verbindungsstellen zu den weiteren Systemen der technischen Auftragsabwicklung (Betriebsmittelverwaltungssysteme, Arbeitsplanerstellungssysteme) kaum realisiert sind,

- keine universellen Verbindungsstellen zum Austausch von organisatorischen Daten mit dem PPS-System verfügbar sind, und

- die notwendigen Module zur Steuerung des Informationsflusses nicht angeboten werden.

Weiterhin ist anzumerken, daß sich die Integration von Systemen immer an den Strukturen des jeweiligen Unternehmens orientieren muß. Werden die zu integrierenden Systeme von einem Systemanbieter bezogen, so kann dieser verpflichtet werden, die Integration der Systeme vorzunehmen. In der Regel werden die einzelnen Teilsysteme aber hinsichtlich eines Optimums in der Funktionserfüllung ausgewählt. Dies hat zur Folge, daß eine Integration von Systemen unterschiedlicher Hersteller, welche durch die Orientierung an den Organisationsstrukturen unternehmensspezifisch gestaltet werden muß, vorzunehmen ist. Aus diesem Grund sind "integrierte NC-Planungssysteme" nicht verfügbar. Diese müssen durch eine geeignete Kombination von Systemen (NC-Programmiersystem, Datenbank etc.), von Verbindungsstellen (standardisierte oder spezifische) und durch Entwicklung von Zusatzmodulen (Steuerung des Informationsflusses) geschaffen werden.

Das Aufzeigen eines möglichen Weges zur Entwicklung eines integrierten NC-Planungssystems ist Gegenstand dieser Arbeit. Das nachfolgend aufgestellte Anforderungsprofil stellt die Basis für die Integration des NC-Planungssystems in ein ganzheitliches CIM-Konzept dar.

4.3   Anforderungsprofil des integrierten NC-Planungssystems

Aus einem ganzheitlichen CIM-Konzept, in dem das NC-Planungssystem mit seinen informationstechnischen und ablauforganisatorischen Beziehungen dargestellt ist, können Anforderungen an ein NC-Planungssystem abgeleitet werden. Auch hat die Situationsanalyse gezeigt, daß in bezug auf die Forderungen, welche an die zukünftige Produktion gestellt werden, noch erhebliche Diskrepanzen auftreten. Die Maßnahmen, welche zur Schaffung zukunftsorientierter Produktionssysteme eingeleitet werden müssen, geben ebenfalls Anforderungen an ein NC-Planungssystem vor.

45

Die Anforderungen lassen sich in die Bereiche

- Funktionalität,
- Systemtechnik,
- Verbindungsstellen,
- Organisation und
- Wirtschaftlichkeit

unterteilen (Bild 21).

Funktionalität

Unter **funktionalen Anforderungen** werden diejenigen verstanden, welche dem Anwender Unterstützung bei seiner Tätigkeit geben.

Die Geometriedefinition von Fertigteil und Rohteil ist die Grundvoraussetzung zur Teileprogrammerstellung. Ist keine Verbindungsstelle im Einsatz, welche die Geometrie aus dem CAD-System übertragen kann, oder liegt keine CAD-Geometrie vor, so müssen dem NC-Programmierer Funktionen zur Verfügung stehen, mit deren Hilfe Geometrieelemente (Linie, Kreis etc.) gebildet und zu Konturen zusammengefaßt werden können. Zur Automatisierung muß die Möglichkeit gegeben sein, mit Hilfe von Programmen (Macros) häufig auftretende Geometrien durch Eingabe von Parametern zu bestimmen.

Bei der Bearbeitungsplanung werden die Werkzeuge, die Schnittwerte und die Verfahrwege bestimmt. Ein NC-Programmiersystem muß Schnittwerttabellen und Werkzeugdateien besitzen, wodurch unter Berücksichtigung der zu zerspanenden Geometrie eine geeignete Bearbeitungsstrategie vom System ermittelt wird.

Zur Auswahl von Werkzeugen und Spannmitteln müssen Funktionen zur Verfügung stehen, die das Suchen von Werkzeugen und Spannmitteln nach den verschiedensten Kriterien sowie eine optische Darstellung erlauben. Existiert ein übergeordnetes Betriebsmittelverwaltungssystem, so muß die Möglichkeit der Anbindung gegeben sein.

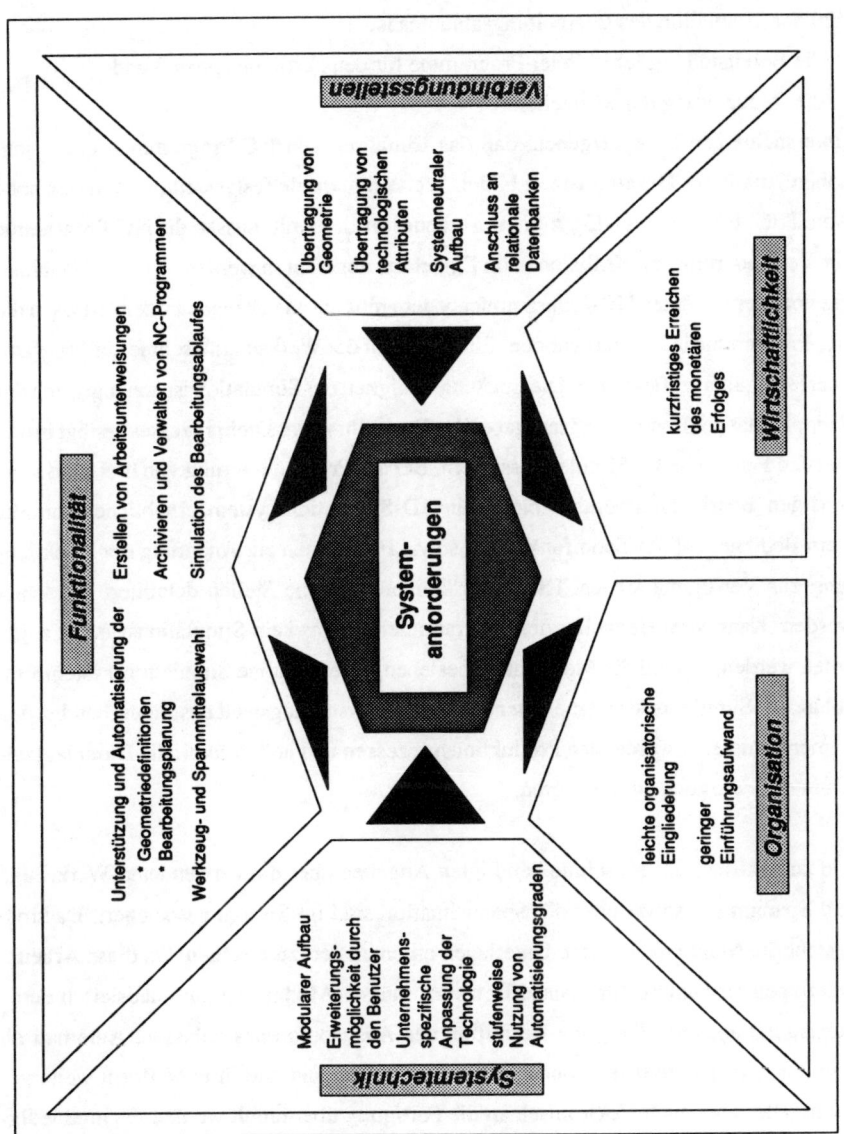

Bild 21: Anforderungen an ein integriertes NC-Planungssystem

Ziel der Simulation des Bearbeitungsablaufes ist

- die Bereitstellung fehlerfreier Programme für den Fertigungsprozeß und
- die Reduzierung der Rüstzeiten.

Untersuchungen haben ergeben, daß das Einfahren von NC-Programmen einen sehr hohen Anteil der Gesamtrüstzeit bildet. Weiterhin wurde festgestellt, daß dieser hohe Anteil durch Fehler im NC-Programm erzeugt wird. Somit müssen die NC-Programme zur Verhinderung von Kollisionen im Einzelsatz abgefahren werden/vgl. 42/. Unabhängig vom verwendeten NC-Programmiersystem müssen aus obengenannten Gründen die NC-Programme in Zukunft vor dem Einfahren auf der Werkzeugmaschine auf Programmierfehler überprüft werden. Die Leistungsfähigkeit der Simulation ist abhängig von der Komplexität der Bearbeitungsaufgabe. Zur Darstellung des Drehprozesses genügt in den meisten Fällen ein 2D-Simulationssystem. Bei der Programmierung von drei- und vierachsigen Bearbeitungszentren bietet ein 3D-Simulationssystem erhebliche Vorteile. Dem Bediener sollten Zoomfunktionen sowie Funktionen zur Änderung der Blickrichtung zur Verfügung stehen. Hierdurch können kritische Stellen detailliert betrachtet werden. Kann vom Hersteller des Programmiersystems kein Simulationssystem angeboten werden, so muß die Möglichkeit bestehen, eigenständige Simulationssysteme anzubinden. Simulationssysteme unterstützen die Vorstellungswelt des Menschen bei den immer komplexer werdenden Produktionsprozessen und helfen somit die Durchlaufzeiten in der Fertigung zu reduzieren.

Die zum Rüsten der Maschine benötigten Angaben über die verwendeten Werkzeuge und Spannmittel sowie über die Spannsituation sind im System gespeichert. Dadurch besteht die Möglichkeit, diese Unterlagen automatisiert zu erstellen. Da diese Arbeitsunterlagen sehr unternehmenspezifisch sind, müssen Module zur automatisierten Fertigungsunterlagenerstellung die Definition des Ausgabeformats zulassen. Automatisch erstellte Arbeitsunterlagen können entweder ausgedruckt und in Papierform weitergereicht, oder aber auch elektronisch an die Fertigung übermittelt werden. Es muß lediglich ein geeignetes Ausgabemedium (Bildschirm, Drucker etc.) zur Verfügung stehen. Der Archivierung und Verwaltung von NC-Programmen kommt besondere Bedeutung bei erneuter Fertigung eines alten Auftrags, bei der Programmierung von ähnlichen Teilen und bei Änderungen von alten Aufträgen zu. Es müssen Funktionen zur Verfügung stehen, die eine Suche nach bereits erstellten Programmen mit den unterschiedlichsten Kriterien ermöglichen.

Systemtechnik

Systemtechnische Anforderungen betreffen die Anpassung des Systems an unternehmerspezifische Gegebenheiten sowie die flexible Erweiterung des Systems. Ein modularer Aufbau des Systems ist für einen stufenweisen Einsatz, für die flexible Erweiterung und die Wartung vorteilhaft. Bei der Einführung des Systems muß der Benutzer nicht von Beginn an das gesamte System beherrschen, sondern er kann je nach Einführungskonzept zunächst in einem bestimmten Systemteil geschult werden. Durch einen modularen und transparenten Aufbau wird die Systemübersichtlichkeit gesteigert und die Erweiterungsmöglichkeit des Systems unterstützt. Zur Anpassung an unternehmensspezifische Eigenheiten sollten Möglichkeiten bestehen, vorhandene Module zu erweitern oder gegebenenfalls neue Module hinzuzufügen. Existiert beispielsweise kein Modul zur automatisierten Fertigungsunterlagenherstellung, so ermöglicht eine modulare Systemarchitektur die Einbindung eines derartigen Moduls. Die Technologie des Bearbeitungsprozesses ist stark von den jeweiligen Erzeugnissen abhängig. NC-Programmiersysteme, welche unter dem Gesichtspunkt der Rationalisierung und Automatisierung zum Einsatz kommen, müssen auf Grunddaten basierende Bearbeitungstechnologien anbieten. Vom Anwender veränderbare Grunddaten erlauben die Anpassung der Bearbeitungstechnologie und der Bearbeitungsstrategie an die spezifischen Gegebenheiten. Für den wirtschaftlichen Einsatz von Systemen mit einem hohen Automatisierungsgrad ist das stufenweise Nutzen von Automatisierungsgraden unbedingt erforderlich. Der Aufwand für diese Anpassung ist aber sehr unterschiedlich, da unbekannte Daten neu zu ermitteln und teilweise bekannte Daten zur Nutzung im System aufzubereiten sind. Können parallel zu dieser Anpassung Grundstufen des Systems bereits betrieben werden, sind dadurch schon Erfolge erzielbar.

Verbindungsstellen

Ein entscheidendes Kriterium in einem CIM-Konzept sind die **Verbindungsstellen**. In den seltensten Fällen wird man in einem CIM-Konzept Systeme eines einzigen Herstellers finden. Die Systeme werden in aller Regel nach dem Anforderungsprofil des Unternehmers und ihrer Leistungsfähigkeit ausgewählt. Die Aufgabe, die sich dann stellt, ist die Verbindung der unterschiedlichsten Systeme. Eine sehr wichtige Verknüpfung ist die CAD/NC-Verbindung. Wird in der Konstruktion mit Hilfe eines CAD-Systems die Geometrie des Bauteils definiert, so kann die Übertragung der Geometrie einerseits zur Rationalisierung und andererseits zur Fehlerreduzierung beitragen. Die in der Konstruktion erzeugte Geometrie muß nicht von neuem in das NC-Programmiersystem eingegeben werden, wobei eventuell Fehler entstehen könnten. Technologieorientierte NC-Programmiersysteme arbeiten zusätzlich mit technologischen Attributen (z.B. Toleranzen, Rauhigkeit), welche den Geometrieelementen zugeordnet sind. Heute werden diese Attribute, welche zum großen Teil in der Konstruktion definiert werden, der Zeichnung entnommen und den Geometrieelementen manuell zugeordnet. Zukünftige Verbindungsstellen sollten auch die Übertragung technologischer Attribute zulassen. Zur Verbindung von Systemen sind heute die unterschiedlichsten Standards verfügbar. Diese Standards erfüllen aber noch nicht alle Anforderungen für die Verbindung der verschiedenartigsten Systeme /28, 43, 44/. Um den Anforderungen gerecht zu werden, sind entweder bestehende Standards zu erweitern oder aber spezifische Verbindungsstellen zu schaffen. Bei der Entwicklung von spezifischen Verbindungsstellen sollte eine Systemneutralität angestrebt werden. Auch bei einem ganzheitlichen CIM-Konzept wird es vorkommen, daß Komponenten gegen Neuentwicklungen ausgetauscht werden. Die Anpassung der Verbindungsstellen sollte sich dabei auf ein Minimum reduzieren.

Der Einsatz von Datenbanken gewinnt in Unternehmen immer mehr an Bedeutung. Datenbanken werden heute zur Archivierung und Verwaltung von bereichsinternen Daten eingesetzt. Bereichsübergreifend werden Datenbanken hauptsächlich zur Archivierung und Verwaltung von Produktdaten, wie beispielsweise Artikeldaten, Stammdaten etc., angewendet. Ein integriertes NC-Planungssystem muß Verbindungsmöglichkeiten zu

Datenbanken aufweisen, um einerseits eigene Daten, wie beispielsweise Programme, Werkzeuge etc., zu verwalten und andererseits aber auf die notwendigen Produktdaten, welche zur Auftragsdurchführung benötigt werden, zuzugreifen. Mit Abschluß der NC-Programmerstellung sind ebenfalls Produktdaten entstanden, welche in die Datenbank eingetragen werden müssen.

Organisation und Wirtschaftlichkeit

Schließlich sind bei der Konzipierung eines integrierten NC-Planungssystems noch **organisatorische und wirtschaftliche Anforderungen** zu erfüllen. Die Entwicklung eines CIM-Konzeptes wird sich immer an der historisch gewachsenen Aufbauorganisation orientieren müssen. Die Rechnerunterstützung kann in den unterschiedlichsten Unternehmensbereichen gewisse organisatorische Veränderungen bewirken, wobei die Grundlagen der Ablauforganisation bestehen bleiben. Bei der Konzeption eines NC-Planungssystems ist darauf zu achten, daß es ohne großen Aufwand in die bestehende Organisationsstruktur eingliederbar ist. Werden diese Anforderungen berücksichtigt und wird bei der Entwicklung und Modifikation von Systembausteinen ebenfalls auf Benutzerfreundlichkeit geachtet, so wird außer dem Schulungsaufwand der Einführungsaufwand gering sein.

Aus wirtschaftlichen Gründen wird bei Investitionen immer ein möglichst schneller Mittelrückfluß (Return on Investment) gefordert. Deshalb kann bei der Entwicklung, Modifikation und Einführung eines integrierten Planungssystems nur in einem Stufenkonzept vorgegangen werden. Aus der Situationsanalyse können die Prioritäten abgeleitet werden. Das Vorgehen ist so zu wählen, daß einerseits häufig vorkommende Aufgaben zunächst systemtechnisch unterstützt werden, die Einsatzbereitschaft des Systems andererseits aber immer gegeben ist.

Die Zielsetzung, die im Rahmen dieser Arbeit verfolgt wird, ist nicht die Entwicklung eines neuen NC-Planungssystems. Vielmehr soll aus den am Markt erhältlichen NC-Programmiersystemen ein System, welches einerseits den Anforderungen am ehesten gerecht wird und andererseits aber geeignete Möglichkeiten zur Modifikation und Weiterentwicklung bietet, ausgewählt werden. Ein integriertes NC-Planungssystem wird somit aus einem Kern, dem Programmiersystem, aus den verschiedensten Anwendungsmodulen und Verbindungsstellen zu Teilsystemen oder relationalen Datenbanken bestehen (Bild 22).

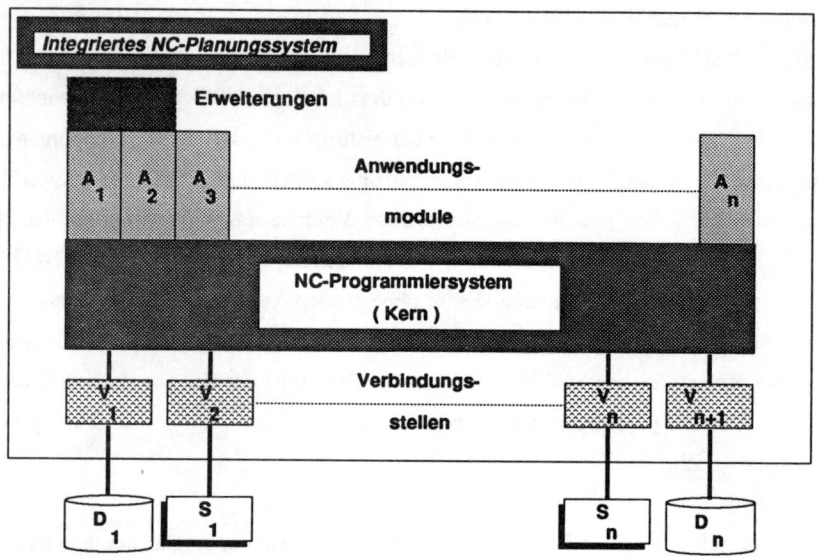

A = Anwendungsmodule
V = Verbindungsstellen
S = Systeme (PPS, CAD, Betriebsmittelverwaltung, etc.)
D = Datenbanken

Bild 22: Systemabgrenzung des integrierten NC-Planungssystems

Zur Erweiterung der Funktionalität eines Systems können, wenn es die Systemarchitektur zuläßt, mitgelieferte Module vom Anwender erweitert werden. Vom Systemhersteller müssen hierfür Tools (Programmierwerkzeuge) zur Verfügung gestellt werden. Die bei den CAD-Systemen schon lange üblichen Programmiersprachen zur Variantenprogrammierung und Erstellung von spezifischen Anwendungen setzen sich in zunehmendem Maße auch bei NC-Programmiersystementwicklern durch. Mit diesen Sprachen besteht die Möglichkeit, Programme zu entwickeln, welche benutzergeführte Eingabedaten, beispielsweise über Masken, abfragen. Weiterhin können Einzelfunktionen der Systeme zu Gesamtfunktionen zusammengefaßt werden. Auf diese Weise können einerseits bestehende Module erweitert werden und andererseits neue Module geschaffen werden.

Teilweise müssen während der Anwendung eines NC-Programmiersystems Operationen durchgeführt werden, welche nicht mit den Hilfsmitteln eines NC-Programmiersystems lösbar sind. Beispielsweise müssen Flieh- und Spannkräfte berechnet werden. Meist werden hierfür Berechnungsprogramme in einer höheren Programmiersprache (FORTRAN, PASCAL, PL I) entwickelt. Die Architektur eines NC-Programmiersystems muß ebenfalls die Integration solcher "fremder" Module zulassen. Für Teilaufgaben der NC-Programmierung sind stellenweise eigenständige Systeme besser geeignet. Ein Beispiel hierfür ist die Simulation des Bearbeitungsablaufes. Auf dem Markt sind heute leistungsfähige 3D-Simulationssysteme verfügbar. Bei der Konzeption muß die Integration solcher Teilsysteme über Verbindungsstellen berücksichtigt werden.

Im folgenden wird beschrieben, wie durch die Erweiterung von Modulen, durch die Entwicklung von eigenen, auch "fremden" Modulen, und durch spezifische Verbindungsstellen ein NC-Programmiersystem in ein ganzheitliches CIM-Konzept integriert werden kann und dadurch ein integriertes NC-Planungssystem geschaffen wird.

5. Konzeption eines integrierten NC-Planungssystems

5.1 Einflüsse auf die Systemkonzeption

Bei der Entwicklung eines Systemkonzeptes müssen, ausgehend vom jeweiligen Anforderungsprofil, unter den gegebenen Einflüssen alternative Lösungswege aufgezeigt werden. Die Randbedingungen sind für die erfolgreiche Realisierung von Bedeutung und müssen unbedingt berücksichtigt werden. Für die Konzeption eines integrierten NC-Planungssystems sind folgende Einflußgrößen zu nennen (Bild 23):

- Einsatzbereich,
- Hardware,
- Schnittstellen,
- Datenhaltung,
- Programmiersprache.

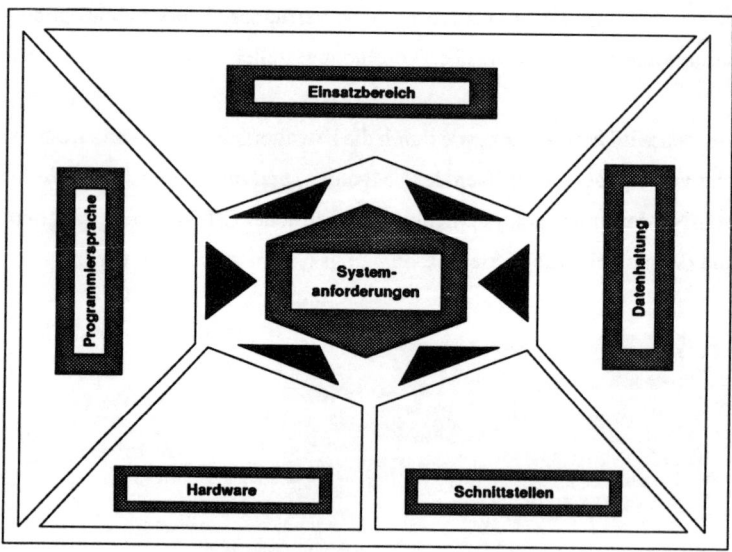

Bild 23: Einflüsse auf die Systemkonzeption

Der Einsatzbereich eines NC-Programmiersystems erstreckt sich von der Programmierung von 2-Achsen-Maschinen bis zur Programmierung von CNC-Werkzeugmaschinen mit drei und mehr Achsen. Im Falle der Zweiachsenprogrammierungen werden nur einfache Geometrien, wie beispielsweise Linien und Kreisbögen, übertragen. In diesem Fall können technologische Aspekte, wie Werkzeugauswahl, Schnittwerte und Arbeitsabläufe, in den Vordergrund treten. Die Struktur einer entsprechenden Schnittstelle muß die Übertragung von technologischen Attributen, welche den Geometrieelementen zugeordnet sind, ermöglichen. Ebenfalls müssen CAD-seitig entsprechende Abspeicherungsstrategien der technologischen Attribute entwickelt werden. Maschinen mit drei und mehr Achsen werden größtenteils zur Fertigung von komplexen Werkstücken mit Freiformflächen eingesetzt. In diesem Fall werden sehr hohe Anforderungen an die geometrische Leistungsfähigkeit eines Systems gestellt. Die Schnittstellen zur Datenübertragung müssen komplexe Datenstrukturen, wie zum Beispiel analytisch nicht beschreibbare Oberflächen, übertragen können.

NC-Programmiersysteme stehen heute auf der unterschiedlichsten Hardware zur Verfügung. Leistungsfähige NC-Programmiersysteme waren früher nur auf Großrechnern verfügbar. Vorteil dieser Lösung war, daß mehrere Arbeitsplätze zur NC-Programmierung angeschlossen werden konnten. Die zunehmende Leistungsfähigkeit von kleinen Rechnern ermöglicht die Implementierung von NC-Programmiersystemen der unterschiedlichsten Leistungsstufen auf Personalcomputern. Hierbei handelt es sich meistens um "stand alone" Arbeitsplätze.

Auch werden die Steuerungen der CNC-Werkzeugmaschinen immer leistungsfähiger, wodurch die Erstellung von NC-Programmen auf Steuerungsebene immer mehr Anwender findet. Unterstützt wird dieser Trend noch durch die Entwicklung von werkstattorientierten Programmierverfahren (WOP) /45/. Ziel dieser Verfahren ist es, dem Maschinenbediener sowie dem Programmierer in der Arbeitsvorbereitung die gleiche Benutzeroberfläche und die gleichen Programmiermöglichkeiten zur Verfügung zu stellen. Auf diese Weise können NC-Programme im Werkstattbereich genauso effizient erstellt werden wie im Bereich der Arbeitsvorbereitung. Durch diese Entwicklung nimmt die Dezentralisierung der Rechnerintelligenz immer mehr zu. Für die Integration bedeutet dies, daß unterschiedliche Hardwarekomponenten, eventuell auch die Steuerung, miteinander verbunden werden müssen.

Schnittstellen zum Austausch von Daten zwischen verschiedenen Systemkomponenten sind verfügbar. Die Entwicklung dieser Schnittstellen ist aber noch nicht abgeschlossen, und außerdem ist die Leistungsfähigkeit noch nicht zufriedenstellend. Dies hat zur Entwicklung von firmen- und systemspezifischen Schnittstellen geführt. In der Konzeptionsphase ist die Leistungsfähigkeit von möglichen Standardschnittstellen zu untersuchen. Ist der Leistungsumfang für den Anwendungsfall ausreichend, kann auf die Entwicklung einer spezifischen Schnittstelle verzichtet werden. In diesem Zusammenhang ist auch der Einsatz von Datenbanken als Bindeglied zwischen den Systemen zu überprüfen.

Zur Datenhaltung in NC-Programmiersystemen (Werkzeugdaten, Schnittwerte etc.) werden oft eigenständige Datenstrukturen und somit auch spezifische Datenmanagementsysteme eingesetzt. Der Datenzugriff von neuentwickelten Modulen ist dadurch oftmals nur mit aufwendigen Programmen möglich. Werden zur Speicherung und Verwaltung der Daten Datenbanksysteme eingesetzt, so wird über Standardschnittstellen (z.B. SQL = Standard Query Language) der Zugriff erleichtert. In einem integrierten NC-Planungssystem ist im Gegensatz zum herkömmlichen NC-Programmiersystem die Speicherung von zusätzlichen Daten (z.B. Auftragsdaten) erforderlich.

Einen weiteren Einfluß auf die Systemkonzeption hat die gewählte Programmiersprache. Zur Lösung von technischen wissenschaftlichen Problemen werden fast ausschließlich höhere, standardisierte Programmiersprachen eingesetzt. Eine große Anzahl der heute realistischen Systeme basieren auf der Programmiersprache FORTRAN. Bei Neuentwicklungen setzen sich aber immer mehr modernere Sprachen wie beispielsweise PASCAL, PL I oder C durch, welche sich besonders für die strukturierte Programmierung eignen. Jede dieser Sprachen weist für bestimmte Anwendungsgebiete Vorteile auf. Soweit es das verwendete Betriebssystem zuläßt, können für bestimmte Teilaufgaben verschiedene Programmiersprachen eingestzt werden.

Programmiersprachen der "künstlichen Intelligenz" wie zum Beispiel LISP und PROLOG haben gänzlich andere Strukturen und lassen sich nicht ohne weiteres in Verbindung mit den obengenannten Programmiersprachen einsetzen.

5.2   Allgemeiner Systemaufbau

In der vorliegenden Arbeit wird ein Konzept entwickelt, welches die 2 1/2 D-Programmierung ermöglicht. Untersuchungen /46/ haben gezeigt, daß im Maschinenbau der überwiegende Teil der Fräsaufgaben mit zwei steuerbaren Achsen (längs und quer) und einer Zustellmöglichkeit der dritten (senkrechten) Achse bearbeitet werden können (entspricht 2 1/2-Achsen)/47/. Auch besitzt die Datenstruktur im 2 1/2 D-Bereich eine Komplexität, die eine wirtschaftliche Entwicklung von Prozessoren zuläßt. Als NC-Programmiersystem wird ein universelles, technologieorientiertes System, welches die Programmierung sämtlicher Bearbeitungsverfahren zuläßt, verwendet. Zunächst soll die Programmierung von Drehbearbeitungen, sowie Bohr- und Fräsbearbeitungen, wie sie im Allgemeinen Maschinenbau anzutreffen sind, vorgesehen werden. Im Bild 24 ist das Gesamtkonzept dargestellt.

Kern des integrierten NC-Planungssystems ist das NC-Programmiersystem mit seinen Postprozessoren zur Anpassung der Teileprogramme auf die unterschiedlichsten Fertigungsmittel. In dem in Bild 24 dargestellten Gesamtkonzept kommt ein grafisch interaktives System zur Anwendung. NC-Programmiersysteme besitzen meist eine eigene, systemspezifische Datenhaltung. In alphanumerischen Dateien werden Macros (Unterprogramme), Werkzeuge, Schnittwerte und Arbeitsabläufe in einer für das Programmiersystem verständlichen Form gespeichert. Die grafischen Dateien dienen zur Speicherung der Roh- und Fertigteilgeometrie in der Datenstruktur des Programmiersystems.

57

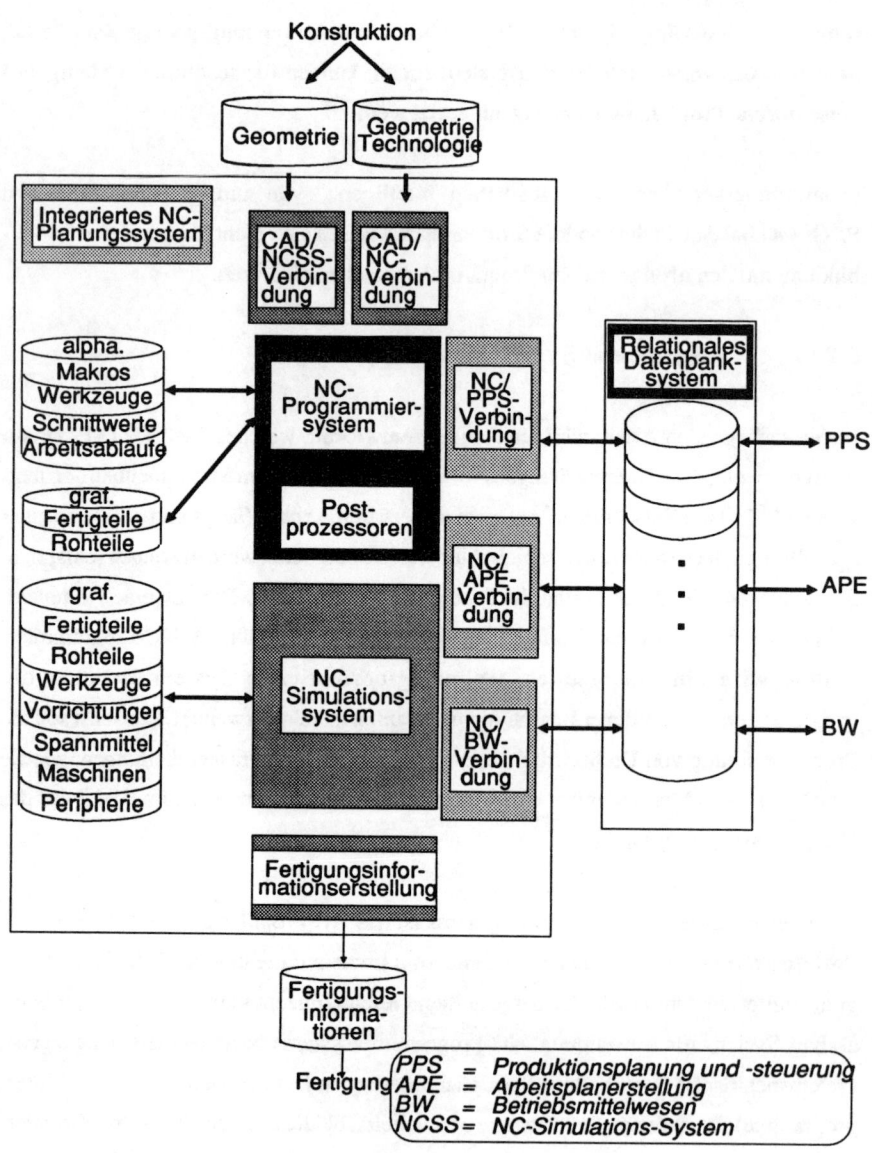

Bild 24: Gesamtkonzept des integrierten NC-Planungssystems

Zur Datenübernahme aus dem Konstruktionsbereich wird die CAD/NC-Verbindung eingesetzt. Hierbei werden einerseits Geometriedaten von Roh- und Fertigteilen mit Hilfe einer Übergabedatei von der Datenstruktur des CAD-Systems in die Datenstruktur des NC-Programmiersystems umgewandelt. Andererseits muß aber auch die Übergabe von technologischen Informationen angestrebt werden /47, 48, 49, 50/. In der Konzeptionsphase müssen somit die Struktur der Übergabedatei und die notwendigen Prozessoren zur Umwandlung entsprechend ausgelegt und geplant werden. Die Art und der Umfang der zu übertragenden Daten ist vom jeweiligen Bearbeitungsverfahren abhängig. Für die unterschiedlichen Bearbeitungsverfahren kommen spezifische Übertragungsprozessoren zum Einsatz. Die Struktur der Übergabedatei deckt jedoch alle Bearbeitungsverfahren ab.

Betriebsmitteldaten (z.B. Werkzeuge und Spannmittel) und auch Schnittwerte werden vom Betriebsmittelwesen gepflegt und verwaltet. Zur Reduzierung des Aufwandes bei der Datenpflege benötigt das integrierte NC-Planungssystem die Verbindung zum Betriebsmittelwesen (NC/BW-Verbindung). Über diese Verbindung müssen einerseits die internen Dateien des NC-Programmiersystems gepflegt werden. Andererseits wird dem NC-Programmierer über diese Verbindung auch die Möglichkeit gegeben, sich im Betriebsmittelverwaltungssystem über die vorhandenen Betriebsmittel zu informieren. Betriebsmittelverwaltungssysteme arbeiten größtenteils mit Datenbanksystemen. Aus diesem Grund bietet sich die Datenbank als Verbindungsstelle an. Über die Datenbank wird anderen Unternehmensbereichen ebenfalls der Zugriff auf Betriebsmitteldaten ermöglicht.

Für lokale Daten, wie z.B. Macros und Arbeitsabläufe müssen keine Verbindungsstellen geschaffen werden, da diese nur in der NC-Programmierung benötigt werden.
Zur Auftragsdurchführung werden noch Informationen aus der Produktionsplanung und -steuerung sowie aus dem Arbeitsplan benötigt /51, 52/. Beispielsweise bilden die Bauteilidentnummer, die Teileprogrammnummer und Angaben zu den eingesetzten Werkzeugen und Fertigungszeiten die Schnittmenge der Daten, welche zwischen dem

NC-Programmierer und dem PPS-System ausgetauscht werden /53/. Die Arbeitsplaner-stellung findet zeitlich vor der NC-Programmierung statt. Die bei der Arbeitsplanung entstandenen Daten (z.B. Arbeitsvorgangbeschreibung, Maschinengruppe etc.) sind Informationen, welche zur Auftragsdurchführung in der NC-Programmierung benötigt werden. Diese Informationen werden jedoch nicht allein von der NC-Programmierung benötigt. Sie werden während des Auftragsdurchlaufs von mehreren anderen Bereichen benötigt, aber auch aktualisiert und ergänzt. Somit bietet sich zur Verbindung mit dem PPS-System (NC/PPS-Verbindung) und zur Verbindung mit der Arbeitsplanung (NC/APE-Verbindung) ebenfalls eine Datenbank an. Dieses Datenbanksystem wird zur systemübergreifenden Datenorganisation eingesetzt.

Zur Bearbeitung eines Fertigungsauftrages an der CNC-Werkzeugmaschine benötigt der Maschinenbediener Informationen aus der NC-Programmierung /54/. In der Regel sind es die Informationen, welche in den klassischen Informationsträgern

- Lochstreifen,
- Werkzeugeinrichteblatt und
- Werkstückeinrichteblatt

enthalten sind.

Zukünftige Fertigungsstrukuren benötigen diese Informationen weiterhin. Ziel muß es jedoch sein, die EDV als Informationsträger einzusetzen. Zur effizienten Erstellung dieser Daten muß ein integriertes NC-Planungssystem Module zur automatisierten Fertigungsinformationserstellung zur Verfügung stellen. Im Sinne einer Aufwärtskompatibilität und sukzessiven Anpassung an hochautomatisierte Fertigungsstrukturen sind bei der Entwicklung solcher Module mehrere Stufen vorzusehen. In der ersten Stufe wird die gespeicherte Information lediglich formatiert ausgedruckt und dem Maschinenbediener zur Verfügung gestellt. Kennzeichen der zweiten Stufe sind entsprechende Ausgabemedien an der Maschine (z.B. BDE-Terminal), über die der Maschinenbediener die entsprechenden Informationen anfordern und sich anzeigen lassen kann. In der dritten Stufe fehlt das Bindeglied "Maschinenbediener". In einer hochautomatisierten Fertigung werden die entsprechenden Rüstinformationen von den jeweiligen Zellenrechnern angefordert. Eine formatierte Ausgabe ist hier nicht mehr erforderlich. Als Speichermedium für einen Teil dieser Informationen bietet sich ebenfalls die Datenbank an.

An Systemen zur Simulation von NC-Programmen wird seit geraumer Zeit vielerorts gearbeitet /55, 56, 57/. Durch die Integration eines derartigen Systems in das oben beschriebene Konzept wird ein leistungsfähiger Arbeitsplatz für den NC-Programmierer geschaffen, an dem er seine Aufgaben effizient ausführen kann. Die Standarddarstellung in Grund-, Auf- und Seitenriß reichen meist nicht aus, um einen vollständigen Eindruck von der NC-Bearbeitung zu erhalten. Komplizierte Bearbeitungsvorgänge (z.B. an Taschen oder Hinterschneidungen) können in zweidimensionalen Ansichten nur ungenügend dargestellt werden /58/. Aus diesem Grund besitzen 3 D-NC-Simulationssysteme meistens eigene Datenstrukturen. Zur Simulation müssen 3 D-Volumenmodelle von Fertigteilen, Rohteilen, Werkzeugen, Vorrichtungen, Spannmitteln, Maschinen sowie der Peripherie der Maschinen zur Verfügung stehen. Diese Modelle werden mit einer spezifischen Verbindungsstelle aus dem jeweiligen CAD-System übertragen. Die entsprechenden NC-Steuerinformationen können vom NC-Simulationssystem mit Hilfe einer Schnittstelle übernommen werden.

Die Konzeption von komplexen Systemen sollte stufenweise erfolgen. Das stufenweise Vorgehen wird so gewählt, daß einzelne Schritte der Konzeptphase realisiert werden können und das NC-Planungssystem ständig in der neuen Ausbaustufe genutzt werden kann. Nur Systeme, die modular aufgebaut sind und in sich erweiterbar sind, gewährleisten eine schnelle Anpassung an wechselnde Arbeitsanforderungen /51/.

Im folgenden wird das Konzept der ersten Ausbaustufe des integrierten NC-Planungssystems, welches die CAD/NC-Verbindung und die NC/PPS-Verbindung enthält, vorgestellt.

5.3   CAD/NC-Verbindung

5.3.1   Alternative Verbindungsmöglichkeiten von CAD- und NC-Programmiersystemen

Zur Verbindung von CAD-Systemen und NC-Programmiersystemen stehen unterschiedliche Alternativen zur Verfügung. Grundsätzlich kann zwischen der Integration und der Kopplung unterschieden werden.

Bei der Integration ist im CAD-System ein NC-Modul integriert, und beide Systeme greifen auf die gleiche Datenbasis zu und haben ebenfalls die gleiche Benutzeroberfläche (siehe Kap. 2.2.1). Die Integration wird folgendermaßen definiert:

Die CAD/NC-Integration ist die Einbindung von NC-Funktionen in die Benutzeroberfläche und die Datenbasis eines CAD-Systems. Es existiert nur ein gemeinsames Datenmodell /59/.

Bei der Kopplung wird ein eigenständiges NC-Programmiersystem mit einem CAD-System verbunden. In diesem Fall weisen beide Systeme unterschiedliche Datenstrukturen auf. Das NC-Programmiersystem kann die in der Datenbasis des CAD-Systems abgelegten Daten nicht direkt lesen. Mit Hilfe eines Programmes (auch Prozessor bezeichnet) muß die Datenstruktur des CAD-Systems direkt oder über ein neutrales Zwischenformat (z.B. IGES) in die Datenstruktur des NC-Programmiersystems umgewandelt werden. Somit soll die Kopplung folgendermaßen definiert werden:

Die CAD/NC-Kopplung ist eine datentechnische Verknüpfung zweier getrennter Systeme, die getrennte Daten- und Speicherstrukturen haben /25/.

62

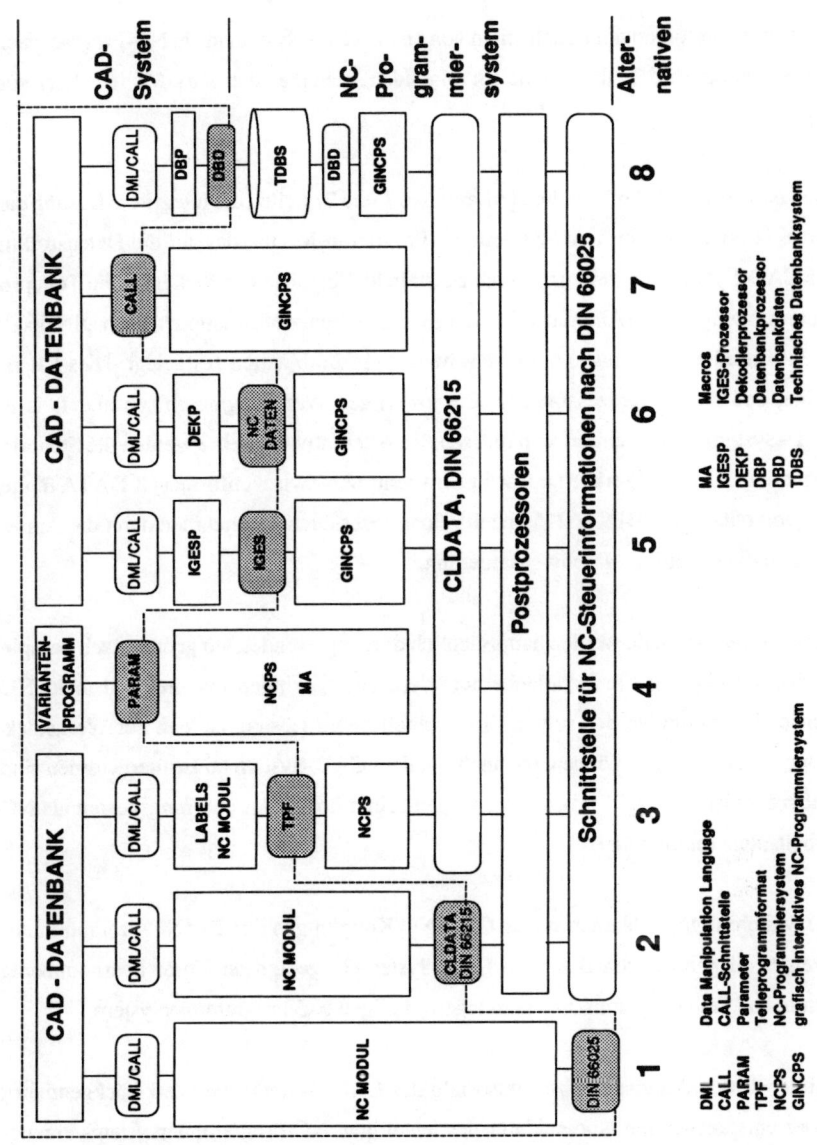

Bild 25: Datentechnische Verbindungsmöglichkeiten von CAD- und NC-Systemen

Die Datenübertragungsmöglichkeiten von einem CAD-System in ein NC-Programmier-system sind in Bild 25 dargestellt. Im folgenden seien die Alternativ-Modelle kurz vorgestellt.

Die ersten beiden Möglichkeiten (Alternative 1 und 2) stellen die integrierte Lösung dar. Dabei befindet sich im CAD-System ein Programm-Modul, das auf die Datenstruktur des CAD-Systems zugreift und durch zusätzliche Eingaben des Bedieners ein Teileprogramm erzeugt. Beim Alternativ-Modell 1 werden Steuerinformationen nach DIN 66025 direkt für eine bestimmte Maschinen-Steuerungskombination festgelegt. Dies hat zur Folge, daß die Postprozessoren für die jeweiligen Werkzeugmaschinen ebenfalls im CAD-System implementiert sein müssen. Im Alternativ-Modell 2 werden die Steuerinformationen für die Werkzeugmaschine im neutralen Zwischenformat CLDATA (cutter location data) nach DIN 66215 erstellt. Postprozessoren übernehmen dann die Anpassung an die jeweilige Maschinensteuerung.

Diese beiden Modelle werden hauptsächlich dort angewendet, wo geometrisch komplexe Werkstücke mit Freiformfläche auf Werkzeugmaschinen mit drei und mehr NC-Achsen bearbeitet werden sollen. Ein Nachteil dieser Lösung ist, daß nur Werkstücke programmiert werden können, die auch mit dem CAD-System konstruiert worden sind. Außerdem ist ein CAD-Arbeitsplatz wegen seiner hohen Anschaffungskosten als NC-Arbeitsplatz relativ teuer.

Die weiteren Möglichkeiten stellen CAD/NC-Kopplungen dar. Der NC-Programmierer erzeugt, ausgehend von den vom CAD-System in geeigneter Form übernommenen Daten, das Teileprogramm in einem eigenständigen NC-Programmiersystem.

Bei der dritten Alternative wird innerhalb des CAD-Systems die Werkstückgeometrie in der entsprechenden Nomenklatur des jeweiligen NC-Programmiersystems erzeugt. Diese Konturdaten können ungeordnet übergeben werden. In diesem Fall muß der NC-Programmierer die geometrischen Elemente ihrer Reihenfolge nach ordnen und die Fertigteilkontur im NC-Programmiersystem in der Sprachsyntax beschreiben. Ist im CAD-System ein Algorithmus vorhanden, der die Konturelemente entsprechend ihrer Reihenfolge ordnet, so erhält der NC-Programmierer eine vollständige Beschreibung der Fertigteilkontur in der Syntax der jeweiligen Programmiersprache, und das Ordnen entfällt. Im NC-Programmiersystem wird dann durch das Programmieren der Werkzeugwege und durch Hinzufügen fertigungstechnischer Angaben ein Teileprogramm erzeugt.

Diese Lösung bietet sich an, wenn ein NC-Programmiersystem, das keine grafisch interaktive Arbeitsweise ermöglicht, bereits genutzt wird und eine Einführung der grafisch interaktiven Programmierung nicht in Erwägung gezogen wird. Werden sehr viele Teilefamilien programmiert, so hat ein NC-Programmiersystem, das auf Sprachbasis programmiert wird, Vorteile gegenüber grafisch interaktiven Systemen. Bei Programmänderungen und Teilefamilienpassungen kann das alte Teileprogramm direkt weiterverarbeitet werden. Des weiteren kann der volle Leistungsumfang des eigenständigen NC-Programmiersystems genutzt werden. Für die NC-Programmierung muß allerdings ein CAD-Arbeitsplatz zur Verfügung stehen. Ein weiterer Nachteil ist, daß für jede Kombination eines CAD- und NC-Programmiersystems ein spezifischer Verbindungsbaustein anzufertigen ist, der die Datenübertragung ermöglicht.

Bei der vierten Möglichkeit erfolgt kein Datenbankzugriff im CAD-System. Im CAD-System stehen Variantenprogramme für den Aufbau von Fertigungselementen zur Verfügung. Durch Eingabe von Parametern in die Variantenprogramme werden Werkstücke aus einzelnen Fertigungselementen aufgebaut. Die eingegebenen Parameter werden an das NC-Programmiersystem übertragen. Im NC-Programmiersystem existieren als Pendant zum Variantenprogramm Unterprogramme (Macros), die mit Hilfe der übertragenen Parameter die Werkstückkontur bestimmen. Der NC-Programmierer vervollständigt das NC-Programm analog zum dritten Alternativ-Modell im NC-Programmiersystem. Der Vorteil dieser Lösung ist, daß durch die Variantenprogramme schnell und wirkungsvoll Werkstücke aufgebaut werden können. Außerdem werden die notwendigen Informationen für das NC-Programmiersystem während des

Werkstückaufbaus erzeugt. Die Unterprogramme müssen dem entsprechenden firmen-spezifischen Teilespektrum angepaßt sein. Eine weitere Voraussetzung ist, daß nach dem Aufbau der Werkstücke mit Variantenprogrammen im CAD-System keine grafisch in-teraktiven Änderungen mehr vorgenommen werden, da dann die Parameter nicht mehr das aktuelle Werkstück beschreiben und die Änderungen analog auch im NC-Program-miersystem durchgeführt werden müßten.

Die Alternativen 5 bis 8 stellen eine Lösung der Datenübertragung bei der Anwendung grafisch interaktiver NC-Programmiersysteme dar.

Im fünften Alternativ-Modell werden die Daten mit Hilfe der normierten Schnittstelle IGES (Initial Graphics Exchange Specification) übertragen. Auch andere normierte Schnittstellen (siehe Kapitel 3.3) sind möglich. Die entsprechenden Prozessoren sind aber insbesondere auf der NC-Seite selten verfügbar. Die Werkstückgeometrie wird von der CAD-Datenstruktur in die Datenstruktur des NC-Programmiersystems umgewan-delt. Mit grafisch interaktiven Methoden muß aus der übertragenen Geometrie im NC-Programmiersystem eine NC-gerechte Kontur gebildet werden. Nachdem der NC-Programmierer die Rohteilkontur und die Spannsituation bestimmt hat, erstellt er grafisch interaktiv das Teileprogramm. Hierzu wählt er die geeigneten Werkzeuge aus und bestimmt die entsprechenden Abspanbereiche. Diese Möglichkeit kann angewen-det werden, wenn sowohl das CAD-System als auch das NC-Programmiersystem über einen geeigneten IGES-Prozessor verfügen, welche die Datenübertragung zwischen beiden Systemen ermöglichen.

Von Vorteil ist, daß hierbei keine Eigenentwicklung betrieben werden muß und die CAD/NC-Kopplung nach Installation der Systeme sofort nutzbar ist. Nachteilig ist, daß in der IGES-Definition gerade die Elemente fehlen, die für die NC-Programmierung wichtig sind. Auch ergeben sich Probleme durch die unterschiedliche Qualität der IGES-Prozessoren:

- durch einen eingeschränkten Elementumfang,
- durch einen unterschiedlichen Elementumfang der beiden IGES-Prozessorpartner,
- durch eine fehlerhafte Datenübertragung /26/.

Somit ist es notwendig, die IGES-Prozessoren der jeweiligen Systeme genau zu überprüfen /37/. Ein weiterer Nachteil dieser Lösung ist, daß die Werkstückdaten noch nicht ihrer Reihenfolge nach geordnet übertragen werden und somit noch ein Aufbereitungsaufwand im NC-Programmiersystem notwendig ist.

Die sechste Möglichkeit unterscheidet sich von der fünften insofern, als eine direkte Umformung in das jeweils andere Datenformat mit einer für die jeweiligen Systeme entwickelten Schnittstelle vorgenommen wird. Als Vorteil erweist sich, daß bei diesen spezifisch entwickelten Schnittstellen besonders auf die Belage der NC-Programmierung eingegangen werden kann. Der Aufbereitungsaufwand für den NC-Programmierer wird verringert, wenn man in die Schnittstelle einen Aufbereitungsalgorithmus einbezieht, der automatisch die NC-maßgebliche Werkstückkontur erstellt.

Im siebenten Alternativ-Modell werden die vom NC-Programmiersystem benötigten Daten direkt durch "CALL"-Befehle aus der CAD-Datenbank gelesen. Dies ist die schnellste und wirkungsvollste Möglichkeit, um gezielt auf NC-maßgebliche Daten zuzugreifen und aus dem CAD-System herauszuziehen. Als Schwierigkeit bei einer derartigen Lösung erweist sich, daß nur sehr wenige CAD-Systemanbieter über derartige Schnittstellen verfügen und somit ein "offenes" System bereitstellen. Des weiteren muß auch das NC-Programmiersystem vom Benutzer derartig erweiterbar sein, daß Datenbankaufrufe aus dem Programmiersystem abgesetzt werden können. Auch hier muß, wie im sechsten Modell, für jede CAD/NC-Kombination eine eigene Lösung entwickelt werden.

Das achte Modell setzt eine neutrale externe Datenbank voraus, auf der produktdefinierende Daten gespeichert werden können. Das CAD-System sowie das NC-Programmier-

67

system besitzen geeignete Schnittstellen, um Daten in der Datenbank abzulegen bzw. aus der Datenbank zu holen. An der Struktur derartiger Datenbanken wird heute an verschiedenen Stellen gearbeitet. Ein fertiges System ist bislang auf dem Markt nicht verfügbar. Diese Lösung wäre hinsichtlich einer verknüpften Datenverarbeitung optimal, da alle an der Produktgestaltung beteiligten rechnerunterstützten Systeme auf die gleiche CAD-Datenstruktur zugreifen könnten.

5.3.2 Auswahl einer Möglichkeit für das integrierte NC-Planungssystem

Zur Auswahl einer geeigneten Alternative sind in einem ersten Schritt die Randbedingungen für den Einsatz der Verbindungsstelle aufzustellen. Die Randbedingungen können aus

- dem eingesetzten NC-Programmiersystem,
- dem eingesetzten CAD-System,
- dem vorliegenden Teilespektrum und
- der ablauforganisatorischen Abwicklung eines Auftrages

resultieren.

In der vorliegenden Arbeit werden folgende Randbedingungen zugrunde gelegt:

- Einsatz eines grafisch interaktiven NC-Programmiersystems,
- Einsatz eines technologieorientierten NC-Programmiersystems,
- Möglichkeit des Austauschs von Systemen durch Nutzung von neutralen Verbindungsstellen,
- geringe Auswirkungen auf die Konstruktionstätigkeit durch den Einsatz der CAD/NC-Verbindung,
- kurzfristige Nutzung der CAD/NC-Verbindung.

Auf Grund der aufgestellten Randbedingungen kann zunächst eine Grobauswahl getroffen werden.

68

Im vorliegenden Fall scheiden die Alternativen 1 - 4 (Bild 25) aus, da sich die Konzeption auf den Einsatz eines grafisch interaktiven NC-Programmiersystems bezieht.

Die Möglichkeit, mit Hilfe von "CALL"-Befehlen Daten aus der CAD-Datenbank abzurufen, besteht nicht bei allen auf dem Markt befindlichen CAD-Systemen. Da bei der Konzeption auf größtmögliche Universalität geachtet werden muß, kann die Alternative 7 ebenfalls nicht zum Einsatz kommen. In diesem Fall könnte nur ein geringer Prozentsatz der verfügbaren CAD-Systeme mit dem integrierten NC-Planungssystem verbunden werden. Alternative 8 scheidet aus Gründen der Nichtverfügbarkeit ebenfalls aus.

Die verbleibenden zwei Möglichkeiten, die Verbindung mit Hilfe einer normierten oder einer spezifischen Schnittstelle, sind einer Feinanalyse zu unterziehen. Zur detaillierten Untersuchung bieten sich hierfür Kriterienkataloge an, die je nach Anwendungsfall zu erstellen sind. Sind die zu untersuchenden Schnittstellen verfügbar, so sind Übertragungstests geeignete Methoden, um die Leistungsfähigkeit zu ermitteln.

Der Einsatz einer normierten Schnittstelle weist in bezug auf die Universalität die meisten Vorteile auf. Von NC-Programmiersystemherstellern werden hier fast ausschließlich die IGES-Schnittstelle und die VDAFS-Schnittstelle angeboten. Die Übertragung von Freiformflächen hat bei der 2 1/2 D-Programmierung keine Bedeutung. Somit ist IGES die einzige normierte Schnittstelle, die eingesetzt werden kann.

Eine wesentliche Voraussetzung für den reibungslosen Datenaustausch ist, daß sowohl vom sendenden als auch vom empfangenden System sämtliche Daten, die entsprechend der IGES-Definition übertragbar sind, vollständig und fehlerfrei übertragen werden. Diese Maximalforderung wird von heutigen IGES-Prozessoren nur mit Einschränkung erfüllt /27/. IGES ist für den Austausch von Zeichnungsdaten zwischen unterschiedlichen CAD-Systemen konzipiert und erfüllt somit nicht sämtliche Anforderungen, welche an eine CAD/NC-Verbindung gestellt werden /34, 43, 60, 61/.

Aus diesem Grund ist es unbedingt erforderlich, die jeweiligen Prozessoren zu testen. Hierfür stehen verschiedene Methoden und Werkzeuge zur Verfügung. Für den Test von Schnittstellenprozessoren haben sich die in Bild 26 dargestellten Testvarianten durchgesetzt /62/.

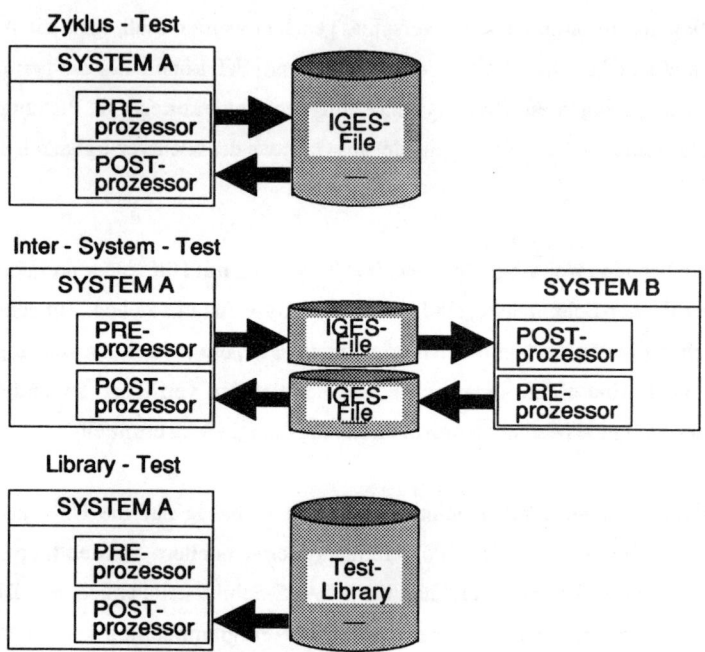

Bild 26: Varianten zum Test von IGES-Prozessoren /62/

Zum Testen werden

- CAD-Modelle aus dem Anwendungsbereich und
- speziell entwickelte Testmatrizen

herangezogen.

Eine weitere Möglichkeit besteht in der Bildung von spezifischen CAD-Modellen, welche das zu übertragende Teilespektrum repräsentieren. Im folgenden ist beispielhaft ein Intersystem-Test beschrieben, der zwischen dem CAD-System Bravo3 und dem grafisch interaktiven Programmiersystem CADCPL durchgeführt wurde. Zum Test wurde eine Prüfmatrix (Bild 27) entwickelt.

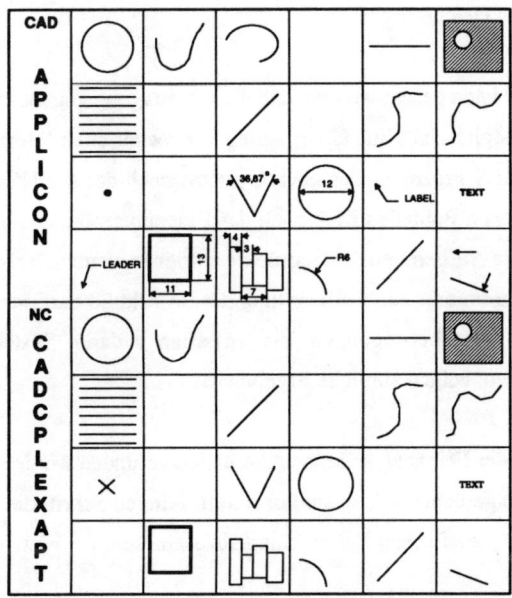

Bild 27: IGES-Prüfmatrix, oben im CAD-System, unten im NC-System

In dieser Prüfmatrix sind alle Elemente dargestellt, die für die 2 1/2 D-Programmierung von Bedeutung sind. Während in Bild 27 oben die Prüfmatrix im CAD-System zu sehen ist, zeigt Bild 27 unten die gleiche Prüfmatrix nach der Übertragung im NC-Programmiersystem. Wie aus dem Ergebnis ersichtlich, werden bis auf Kegelschnitte (1. Zeile, 3. Spalte) alle geometrischen Elemente übertragen. Zu den Kegelschnitten (Conics) zählen Ellipsen, Parabeln und Hyperbeln. Teilweise werden geometrische Elemente im CADCPL approximiert. Beispielsweise wird ein Spline, welcher im CAD-System ein

71

einziges Element darstellt, im NC-Programmiersystem als eine Folge tangential ineinander übergehender Kreise dargestellt. Mit Spline wird die Näherungskurve bezeichnet, die durch eine Folge von Punkten gelegt werden kann. Die Bemaßung und Bezugspfeile mit zugehörigem Text werden nicht übertragen. Ebenfalls gehen Informationen jeglicher Art (z.B. technologische Angaben), welche mit den geometrischen Elementen verknüpft sind, bei der Übertragung verloren. Die Übertragung eines realen Werkstücks (Bild 28) ergab das gleiche Ergebnis.

Zusammenfassend kann gesagt werden, daß die Übertragung von Geometriedaten ohne größere Mängel möglich ist. Eine Übertragung von technischen Informationen ermöglicht weder der IGES-Prozessor des CAD-Systems noch der des NC-Programmiersystems. Bei komplexen Bauteilen muß nach der Datenübertragung ein hoher Aufwand für das NC-gerechte Aufbereiten der Geometrie betrieben werden. Beispielsweise benötigt der NC-Programmierer zur Aufbereitung der im Bild 28 dargestellten Welle etwa eine Stunde /63/. Testübertragungen, die zwischen anderen Systemkombinationen durchgeführt werden, zeigen ähnliche Ergebnisse.

Kann im Rahmen der Feinanalyse keine Alternative gefunden werden, die den gestellten Anforderungen gerecht wird, so sind in einem weiteren Schritt die Möglichkeit und der Aufwand einer spezifischen Entwicklung abzuschätzen.

Eine Schnittstelle, welche einerseits die Übertragung von geometrischen und technologischen Informationen zwischen einem CAD-System und einem NC-Programmiersystem ermöglicht und andererseits den Aufbereitungsaufwand reduziert, ist heute nicht verfügbar. Um den Anforderungen an ein integriertes NC-Programmiersystem gerecht zu werden (siehe Kapitel 4.3), mußte deshalb eine spezifische Schnittstelle (Alternative 5, Bild 25) entwickelt werden. Im Falle der 2 1/2 D-Programmierung ist die Entwicklung einer Schnittstelle noch sinnvoll, da die Komplexität der zu übertragenden Geometrieelemente (Punkt, Linie, Kreis etc.) nicht hoch ist und somit die entsprechenden Prozessoren mit einem vertretbaren Aufwand zu entwickeln sind.

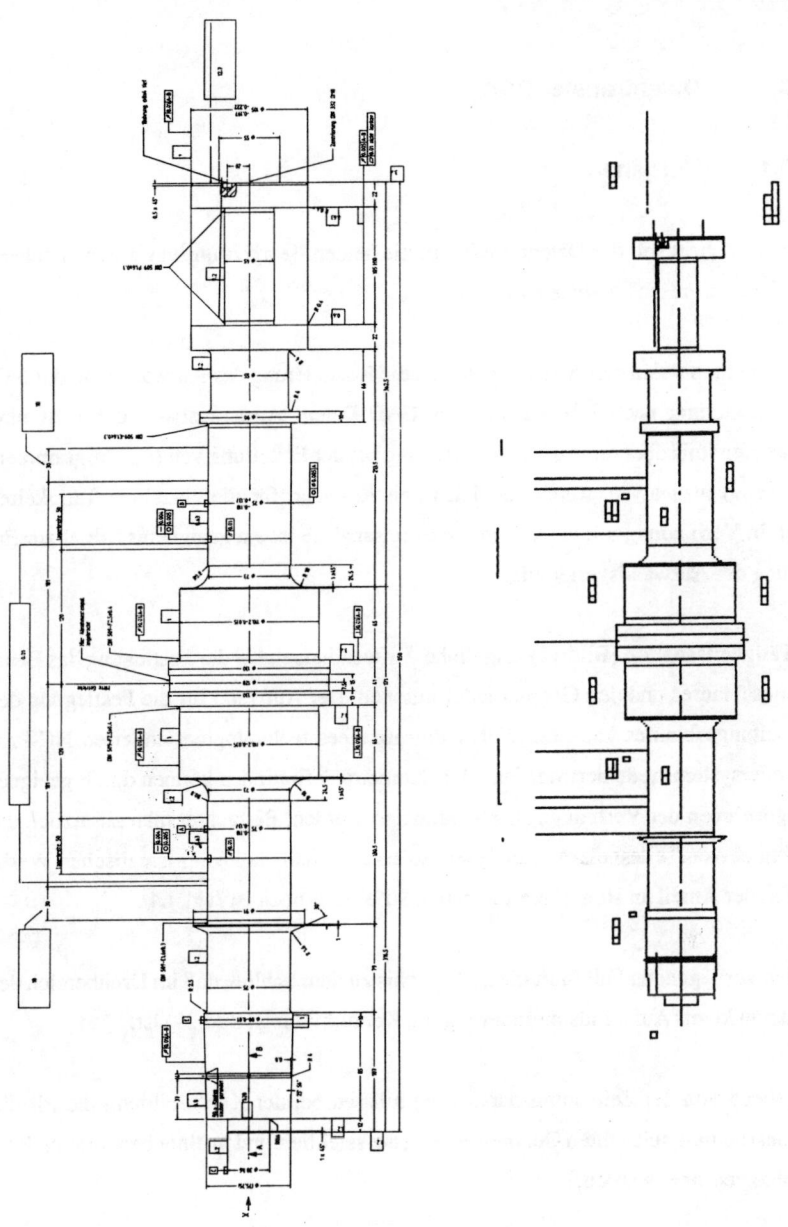

Bild 28: Mit IGES übertragene Welle, links im CAD-System, rechts im NC-System

5.3.3 Datentransfer CAD/NC

5.3.3.1 Vorgehen

Im ersten Schritt soll der Datentransfer für die beiden Bearbeitungsverfahren "Drehen" und "Bohren/Fräsen" realisiert werden.

Ein wesentlicher Aufgabenschwerpunkt ist die Reduzierung des Aufwandes in der NC-Programmierung nach Übertragung der CAD-Daten. Ausgangsbasis dafür ist eine genaue Kenntnis über die Aufwandsverteilung bei der Erstellung von NC-Programmen. Eine Tätigkeitsanalyse, welche zugleich den Aufwand für die einzelnen Tätigkeiten erfaßt, in Verbindung mit einer Teilespektrumsanalyse ist ein geeignetes Mittel zur Ermittlung der Aufwandsverteilung.

Die Tätigkeitsanalyse (Bild 12) zeigt hohe Aufwendungen bei der Festlegung des Bearbeitungsablaufes und den Geometriedefinitionen. Der Aufwand für die Festlegung des Bearbeitungsablaufes kann durch den Einsatz eines technologieorientierten NC-Programmiersystems reduziert werden. Die Geometriedefinitionen können durch geeignete Algorithmen der Verbindungsstelle reduziert werden. Betrachtet man zusätzlich die Ergebnisse von Teilespektrumsanalysen, so erkennt man, daß bei prismatischen Werkstücken der Anteil an Bohroperationen (ca. 90%) sehr hoch ist /vgl. 64/.

Für den vorliegenden Fall führt dieses Ergebnis zu dem Schluß, daß im Drehbereich der Ansatzpunkt zur Aufwandsminimierung die Konturbildung (Bild 29) ist.

Ausgehend von der Zeichnungsdarstellung müssen bei der Konturbildung die für die Drehbearbeitung relevanten Geometrieelemente selektiert und in einer bestimmten Reihenfolge geordnet werden.

74

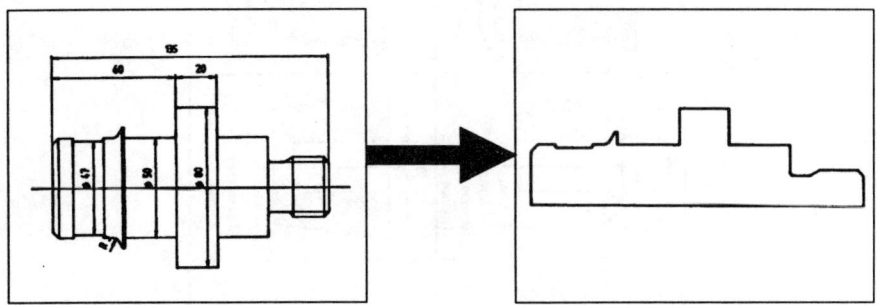

Bild 29: NC-Konturbildung bei rotationssymmetrischen Werkstücken

Bei der Programmierung von prismatischen Werkstücken (Bohren/Fräsen) stehen Bohrungen, geometrisch einfache Elemente, im Vordergrund. Analysiert man die Bohrverfahren, so erkennt man, daß in den meisten Fällen einer Bearbeitungsposition mehrere Bearbeitungsoperationen zugeordnet werden. Es werden Folgeoperationen gebildet. Folgeoperationen liegen vor, wenn zur Erzeugung des Endbearbeitungszustandes einer Bearbeitungsstelle mehrere Bearbeitungsoperationen notwendig sind/64/.

Dadurch liegt der Rationalisierungseffekt im Bohr-/Fräsbereich nicht in der Geometriedefinition, sondern im Zusammenfassen von gleichartigen Fertigungselementen (Bohrung, Taschen, Nuten etc; Bild 30) und dem Zuordnen der entsprechenden Bearbeitungsoperationen. Auf der NC-Seite werden für diese gleichartigen Fertigungselemente Bearbeitungsmacros gebildet. Unter einem Bearbeitungsmacro versteht man das Bearbeitungsergebnis, das durch mehrere in ihrer Reihenfolge festgelegte Folgeoperationen erreicht wird, die demselben Fertigungsverfahren angehören/64/.

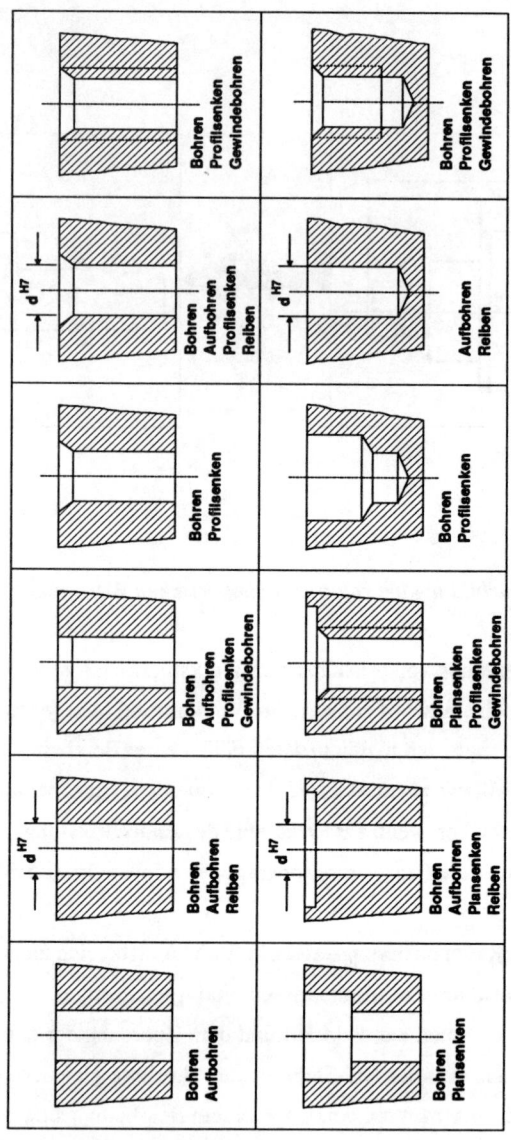

Bild 30: Beispiele für Fertigungselemente /64/

Von technologieorientierten NC-Programmiersystemen wird diese Technik teilweise unterstützt, indem Folgeoperationen zu Arbeitszyklen zusammengefaßt werden können /65/.

Wie Bild 30 zeigt, können die entsprechenden Folgeoperationen oder der entsprechende Arbeitszyklus aus der geometrischen und technologischen Beschreibung des Fertigungselements abgeleitet werden. Beispielsweise wird durch die zusätzliche Angabe einer Isotoleranz (Bild 31) bei einer Durchgangsbohrung die Reihenfolge der Folgeoperationen eindeutig bestimmt.

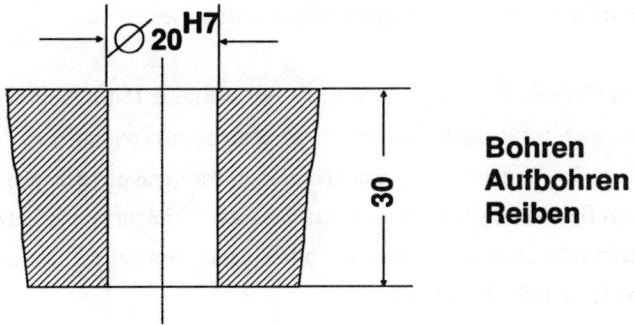

Bild 31: Fertigungselement mit Folgeoperationen

Sollen durch den Einsatz einer CAD/NC-Verbindung Aufwandsreduzierungen auch im Bohr-/Fräsbereich erreicht werden, so muß auf Grund der oben dargelegten Tatsachen eine Übertragung des Macrogedankens ins CAD-System angestrebt werden. Es sind Darstellungsmacros zu bilden. Aufgabe dieser Macros ist die Unterstützung des CAD-Anwenders bei der Darstellung des jeweiligen Fertigungselements und eine komplette Beschreibung des Fertigungselements in geometrischer und technologischer Hinsicht in der Datenstruktur des CAD-Systems. Bei der Spezifikation der Verbindungsstelle sind die Fertigungselemente ebenfalls zu berücksichtigen. Die Struktur der Verbindungsstelle muß ebenfalls eine komplette Beschreibung von Fertigungselementen vorsehen. Aus

77

der Darstellung in der Verbindungsstelle müssen die entsprechenden Arbeitszyklen ableitbar sein.

Weiterhin ist anzumerken, daß Fertigungselemente produkt- und somit unternehmensabhängig sind. Jedes Unternehmen, das sich für den Einsatz der Fertigungselementtechnik entscheidet, muß in einer Analyse die Art, Häufigkeit und die damit verbundenen Folgeoperationen ermitteln.

Die Gegenüberstellung der beiden Bearbeitungsverfahren "Drehen" und "Bohren/Fräsen" hat ergeben, daß hinsichtlich der Reduzierung des Aufwandes in der NC-Programmierung unterschiedliche Schwerpunkte zu setzen sind.

Für eine CAD/NC-Verbindung, welche nicht nur die reine Datenübertragung ermöglicht, sondern auch zur Reduzierung der NC-gerechten Aufbereitung der Zeichnungsinformation beiträgt, bedeutet das, daß die Datenübertragungsmechanismen für die verschiedenen Bearbeitungsverfahren unterschiedliche Strukturen und Leistungsfähigkeiten besitzen müssen. Bild 32 zeigt den prinzipiellen Aufbau der Datenübertragung im Dreh- sowie im Bohr-/Fräsbereich.

Im CAD-System sind die Module implementiert, welche den Aufbereitungsaufwand reduzieren. Die Implementierung im CAD-System bietet sich an, da hauptsächlich geometrische Probleme zu lösen sind und die CAD-Programmiersprachen für die Entwicklung dieser Module gut geeignet sind.

Für rotationssymmetrische Werkstücke wird ein Aufbereitungsalgorithmus implementiert, welcher automatisch die NC-Kontur erstellt. Zunächst werden Mittellinien, Sichtkanten, Geometrien unterhalb der Mittellinie etc. gelöscht. Danach werden die verbleibenden Geometrieelemente, welche fertigungstechnisch bedeutsam sind, geordnet, fehlende Elemente ergänzt und ein kompletter Konturzug gebildet.

Für den Bohr-/Fräsbereich werden im CAD-System Fertigungselementprogramme implementiert. Durch Auswahl eines bestimmten Fertigungselementtyps und durch Angabe von Parametern, wie z.B. Durchmesser und Länge der Bohrung, wird das Fertigungselement einerseits grafisch dargestellt, und andererseits werden die entsprechenden technischen Informationen für die nachfolgende NC-Programmerstellung mit der Geometrie verbunden.

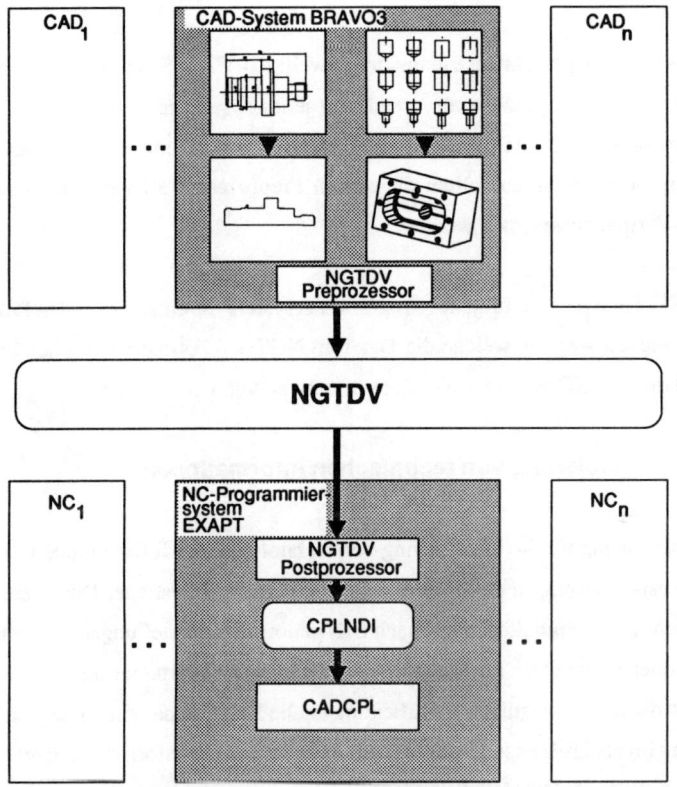

NGTDV   Neutrale Geometrie- und Technologieorientierte Verbindungsstelle
CADCPL   Computer Aided Design Couple (CAD-Verbindungsbaustein von EXAPT)
CPLNDI   CADCPL Neutral Data Interface

Bild 32: Prinzipieller Aufbau der CAD/NC-Verbindung

Um die unterschiedlichsten CAD- und NC-Programmiersysteme miteinander zu verbinden, wurde auf eine direkte Umwandlung der Datenstrukturen verzichtet /vgl. 52/. Der Datentransfer erfolgt, ähnlich der IGES-Schnittstelle, über eine neutrale Datei. Das NGTDV-Format (Neutrale Geometrie- und Technologieorientierte DatenVerbindungsstelle) wurde im Rahmen dieser Arbeit entwickelt und definiert. Dieses Format ist speziell auf die Belange der NC-Programmierung ausgelegt und ermöglicht den Transfer von Geometrie- und Technologiedaten sowohl im Dreh- als auch im Bohr-/Fräsbreich.

Die Umwandlung der Datenstruktur des jeweiligen CAD-Systems in das NGTDV-Format erfolgt mit Preprozessoren, welche für jedes System zu entwickeln sind. Erlaubt die Datenstruktur des CAD-Systems das Anhängen von technischen Attributen an die jeweiligen Geometrien, so sollten diese vom Preprozessor erkannt und ebenfalls im NGTDV-Format ausgegeben werden.

Auf der NC-Seite müssen für jedes Programmiersystem die entsprechenden Postprozessoren entwickelt werden, welche die Datei im NGTDV-Format verarbeiten und in die Nomenklatur des NC-Programmiersystems umwandeln können.

5.3.3.2 Codierung von technischen Informationen

Die Voraussetzung für die Übertragung von technologischen Informationen ist eine geeignete Abspeicherung in den Datenstrukturen der CAD-Systeme. Die in den technischen Zeichnungen enthaltenen und nach DIN genormten Darstellungen von technischen Informationen eignen sich nur für die Verarbeitung und Interpretation durch den Menschen. Für die rechnergestützte Verarbeitung (siehe Kap. 7) oder eine Interpretation und Zuordnung im nachfolgenden System ist eine Codierung der Informationen erforderlich. Im Rahmen dieser Arbeit sind die DIN-Bezeichnungen zur Abspeicherung in den CAD-Datenstrukturen codiert worden. Bild 33 zeigt einen Auszug. Zur Codierung der Informationen bieten sich Characterstrings an. In diesen Strings können beliebige Informationen gespeichert werden. Die meisten CAD-Systeme ermöglichen die Verar-

beitung von Characterstrings, lediglich die Zuordnung zu den jeweiligen Geometrieelementen muß systemabhängig gelöst werden. Bei manchen CAD-Systemen sind in der
Datenstruktur Bereiche für die elementabhängige Abspeicherung von Characterstrings
vorgesehen /66/. Besteht diese Möglichkeit nicht, so muß die Zuordnung mit Hilfe von
spezifischen Modulen gelöst werden.

Bezeichnung	DIN - Darstellung	Codierung im NGTDV - Format
Rauhigkeit	3.2	RT:3.2;;
Freie Toleranzen Längenmass	40.00 +0.20 - 0.30	OH:+0.2,UH:-0.3;;
Freie Toleranzen Durchmessermass	35.00 +0.10 - 0.20	OV:+0.1,UV:-0.2;;
ISO-Toleranzen	⌀ 40.05 m6	IV:m6;;
Formtoleranzen Ebenheit	⫽ 0.03	FT:EB/0.03;;
Zylinderform	0.2	FT:ZY/0.2;;
Lagetoleranzen Rundlauf	↗ 0.08 AB	LT:RU/0.08,AB;;
Position	⊕ 0.4	LT:PO/0.4;;
Bezugselemente	A	LT:RU/A;;

Bild 33: Beispiel für Codierungen von technischen Informationen in Zeichnungen

Wie in einer technischen Zeichnung kann auch der Characterstring eines Geometrieele-
ments mehrere Angaben (z.B. Rauhtiefe und Toleranz) enthalten. Aufbau und Bedeutung werden an dem in Bild 34 dargestellten Beispiel erklärt.

81

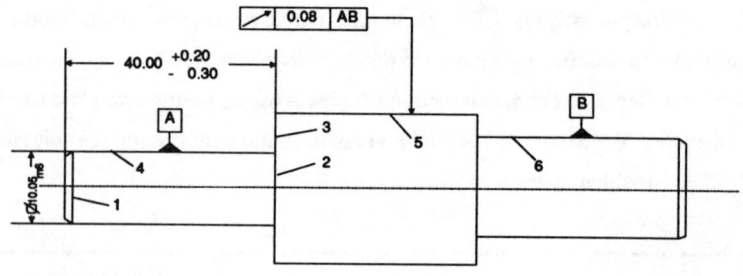

Element	Codierung
4	OH:+0.2,UH:-0.3;IV:m6;RT:3.2;LT:RU/A;;
5	LT:RU/0.08,AB;;
6	LT:RU/B;;

Bild 34: Codierung von technischen Informationen

Den Geometrieelementen 4, 5, 6 (Bild 34) sind technologische Angaben zugeordnet. Das Linienelement 4 besitzt eine freie Längentoleranz (H=Horizontal), eine ISO-Durchmessertoleranz (V=Vertikal) und eine Rauhtiefenangabe. Zugleich ist es Bezugselement zur Rundlauftoleranz des Geometrieelementes 5. Mit Hilfe dieser Codierung kann der Informationsinhalt einer technischen Zeichnung in geometrischer und technologischer Hinsicht in der Datenstruktur des CAD-Systems abgelegt werden. Teile dieser Informationen (z.B. Rauhtiefe und Toleranz) können bei entsprechender Zuordnung vom Programmiersystem verarbeitet werden.

Von Bedeutung für die Konturaufbereitung ist noch, welchen Geometrieelementen die Information zugeordnet wird. Für einen fehlerfreien Durchlauf des Algorithmus sind die nachfolgenden Anmerkungen in Arbeitsanweisungen für die Konstruktion bei der Benutzung des CAD-Systems aufzunehmen. Elemente, welche gänzlich unter der Rotationsachse liegen, dürfen nicht mit technischen Attributen versehen werden, da diese bei der NC-Konturerstellung gelöscht werden. Bei Sichtkanten ist zu unterscheiden, ob es sich um eine reine Sichtkante (Bild 34, Nummer 1) handelt oder ob die Sichtkanten auch einen Teil der Kontur bilden (Bild 34, Nummer 2). Reine Sichtkanten dürfen ebenfalls keine Information erhalten. Bei Sichtkanten mit Konturanteil ordnet der Algorithmus eventuelle Informationen dem verbleibenden Konturelement zu (Bild 34, Nummer 3). Bei der Konturaufbereitung wird jedes verbleibende Geometrieelement auf die Existenz eines Characterstrings überprüft.

5.3.3.3   Das NGTDV-Format

Ziel der NGTDV-Verbindungsstelle ist die Verbindung von unterschiedlichen CAD-
und NC-Programmiersystemen.

Die Schwächen von heute verfügbaren Verbindungsstellen sollen weitgehend behoben
werden. Bei der Konzeption wurden die Anforderungen, welche von Entwicklern und
Anwendern an Schnittstellen und an eine CAD/NC-Verbindung gestellt werden, berücksichtigt /47, 50, 67/. Besonders wurde auf die Aufwärtskompatibilität geachtet. Die
Struktur läßt jederzeit eine Erweiterung des Dateiinhaltes zu, wobei ältere Dateien von
den Prozessoren weiterverarbeitet werden können.

Die NGTDV-Verbindungsstelle ist eine Datei, welche nach dem ASCII-Zeichensatz aufgebaut ist. Sie besteht aus einzelnen Records (Zeilen), wobei die Zeilenlänge variabel
ist, jedoch nicht länger als 80 Zeichen sein darf. Die einzelnen Records werden aus Datenfeldern zusammengesetzt. Die Anzahl der Datenfelder ist ebenfalls variabel und ist
abhängig vom jeweiligen Recordtyp.

Um den Anforderungen an eine CAD/NC-Datenübertragung gerecht zu werden, gliedert
sich die Spezifikation des NGTDV-Formats in die Bereiche:
- organisatorische Daten,
- geometrische Elemente,
- Fertigungselemente,
- freie Elemente und
- optionale Attribute zu den Elementen.

Die einzelnen Bereiche bestehen aus Elementen, welche durch Codenummern (Bild 35)
gekennzeichnet sind.

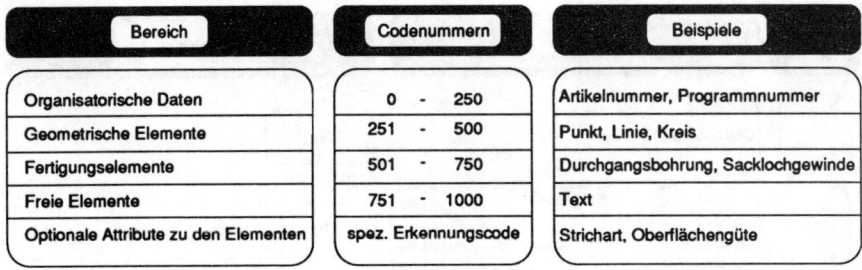

Bereich	Codenummern	Beispiele
Organisatorische Daten	0 - 250	Artikelnummer, Programmnummer
Geometrische Elemente	251 - 500	Punkt, Linie, Kreis
Fertigungselemente	501 - 750	Durchgangsbohrung, Sacklochgewinde
Freie Elemente	751 - 1000	Text
Optionale Attribute zu den Elementen	spez. Erkennungscode	Strichart, Oberflächengüte

Bild 35: Bereiche des NGTDV-Formates

Bestandteil der organisatorischen Daten sind einerseits auftragsspezifische Daten, wie beispielsweise die Artikelnummer, die Werkstückbezeichnung oder die Zeichnungsnummer, und andererseits zusätzliche Angaben zur erstellten Datei, wie z.b. die Angabe des erstellten CAD-Systems oder die Angabe, ob es sich um eine 2 D- oder 3 D-Darstellung handelt. Mit Hilfe der organisatorischen Daten kann eine genaue Zuordnung der Datei zu einem bestimmten Auftrag erfolgen. Auch können Informationen an den Postprozessor weitergegeben werden, und es kann somit die Verarbeitung im empfangenden System gesteuert werden.

Die geometrischen Elemente stellen den Kern der Verbindungsstelle dar. In der derzeitigen Ausbaustufe sind die Elemente Punkt (Codenummer 251), Linie (Codenummer 252) und Kreis (Codenummer 253) realisiert. Diese Elemente genügen zunächst , um Geometrien für 2 1/2 D-Programmierung zu beschreiben. Der Bereich umfaßt jedoch 249 Elemente. Somit können jederzeit neue Elemente für spätere, weitere Anwendungen hinzugefügt werden. Der grundsätzliche Aufbau der geometrischen Elemente ist immer gleich und sei am Beispiel der Linie in Bild 36 erklärt.

85

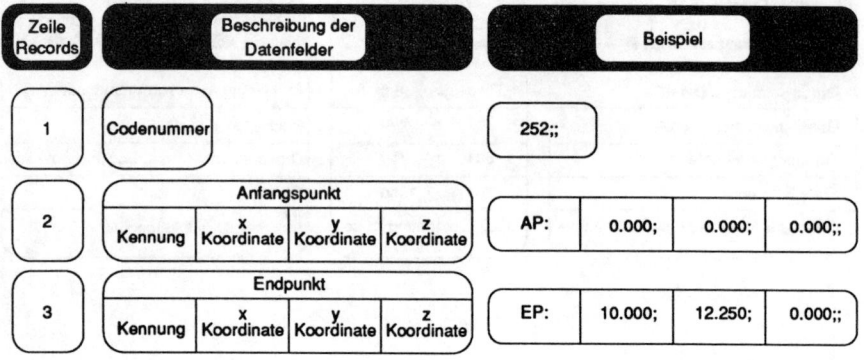

Zeile Records	Beschreibung der Datenfelder				Beispiel			
1	Codenummer				252;;			
2	**Anfangspunkt**				AP:	0.000;	0.000;	0.000;;
	Kennung	x Koordinate	y Koordinate	z Koordinate				
3	**Endpunkt**				EP:	10.000;	12.250;	0.000;;
	Kennung	x Koordinate	y Koordinate	z Koordinate				

Bild 36: Struktur des NGTDV-Formates am Beispiel des Linienelementes

Den Beginn eines neuen Elements bildet die Zeile mit der Codenummer. An diese Zeile anschließend folgen zeilenweise die Daten, die zur Beschreibung des Elements erforderlich sind. Im Fall der Linie sind es 2 Zeilen. In der ersten Zeile sind die Koordinaten des Anfangspunktes, in der zweiten Zeile die Koordinaten des Endpunktes zu finden. Zur Beschreibung des Kreises bleibt die Struktur erhalten. Sie wird lediglich um die Koordinaten des Kreismittelpunktes, die Koordinaten eines Lagevektors, den Radius und den Winkel des Kreisbogens erweitert.

Unter Fertigungselementen werden Elemente verstanden, deren Geometrien durch parametrisierbare Algorithmen erzeugt werden können, beispielsweise verschiedenen Formen von Bohrungen, und die mit parametrisierbaren fertigungstechnischen Aktionen verbunden werden können. Aufgabe der Konstruktion ist es, eine Funktion in einen Funktionsträger umzusetzen. In der mechanischen Konstruktion ergibt sich daraus die geometrische Form, das Formelement. Der Arbeitsvorbereitung obliegt die Umsetzung der geometrischen Form in fertigungstechnische Aktionen, wodurch aus dem Formelement ein Fertigungselement wird.

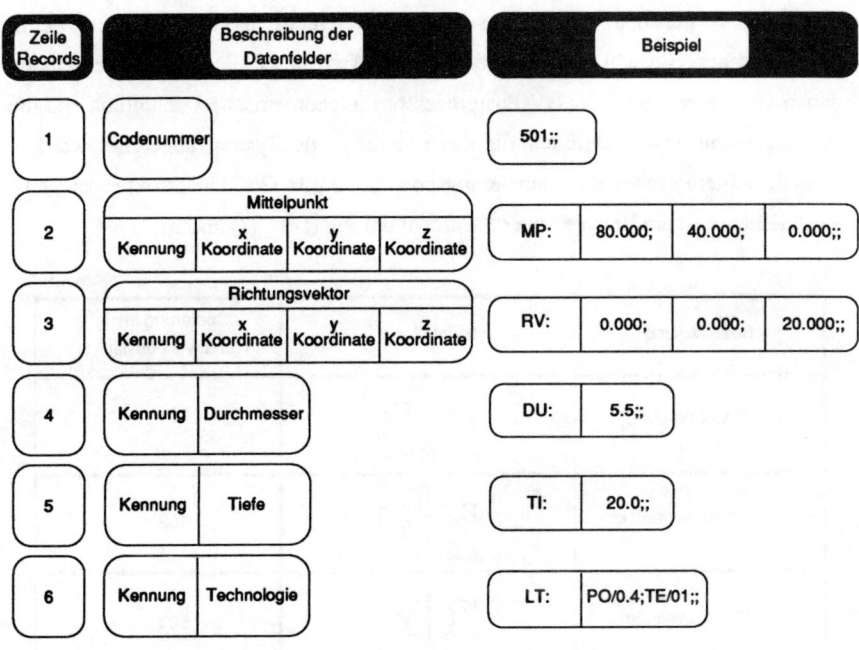

Bild 37: Struktur des NGTDV-Formates am Beispiel der Sacklochbohrung

Die heute üblichen Beschreibungsmethoden von Form- und Fertigungselementen sind für die Verarbeitung durch den Menschen ausgelegt. Für die Verarbeitung im Rechner ist ihre Darstellung in formalen Modellen, d.h. in Form von verschlüsselten Informationen, Formeln, Gleichungssystemen etc. notwendig /34, 68, 69/. Die Art der Fertigungselemente ist vom jeweiligen Produktspektrum in einem Unternehmen abhängig. Bei der

Spezifikation des NGTDV-Formates muß aus diesem Grund auf eine leichte Erweiterbarkeit des Definitionsumfanges geachtet werden. Die zu den Fertigungselementen gehörenden fertigungstechnischen Aktionen sind ebenfalls unternehmensspezifisch und werden in Abhängigkeit vom jeweils eingesetzten NC-Programmiersystem unterschiedlich definiert. In der Spezifikation des NGTDV-Formates ist daher eine neutrale Beschreibung vorgesehen, welche das Fertigungselement in geometrischer wie in technologischer Hinsicht eindeutig beschreibt. Aus dieser neutralen Beschreibung können vom jeweiligen NGTDV-Postprozessor die geometrische Darstellung und die fertigungstechnischen Aktionen für das empfangende System abgeleitet werden, wodurch sich ein großes Rationalisierungspotential ergibt /70/. Die Struktur der Fertigungselemente ist am Beispiel einer Sacklochbohrung (Bild 37) erklärt.

Bezeichnung	Darstellung	Codierung im NGTDV - Format
Sacklochbohrung	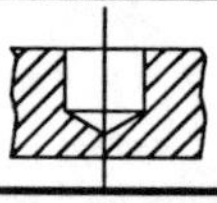	501
Durchgangsbohrung	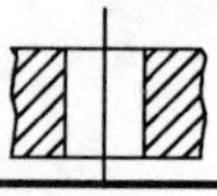	502
Sacklochgewinde	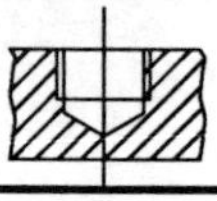	503
Durchgangsgewinde	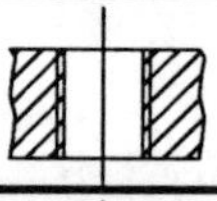	504
Einstufige Sacklochbohrung	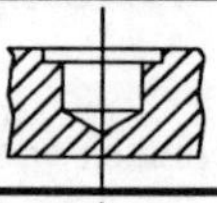	505
Einstufige Durchgangsbohrung	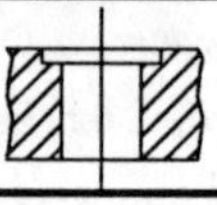	506

Bild 38: Codierung von Fertigungselementen im NGTDV-Format

Den Beginn der Fertigungselementstruktur bildet wie bei den geometrischen Elementen die Codenummer. Mit Hilfe der Codenummer wird der Fertigungselementtyp (Bild 38) definiert. In Abhängigkeit vom Typ folgen die Parameter, welche zur eindeutigen geometrischen Beschreibung notwendig sind. Bei der Sacklochbohrung sind das der Bohrungsmittelpunkt, der Richtungsvektor, der Bohrungsdurchmesser und die Tiefe der Bohrung. Zur technologischen Beschreibung der Fertigungselemente können diesen Strukturen optionale Attribute (Bild 39) zugeordnet werden.

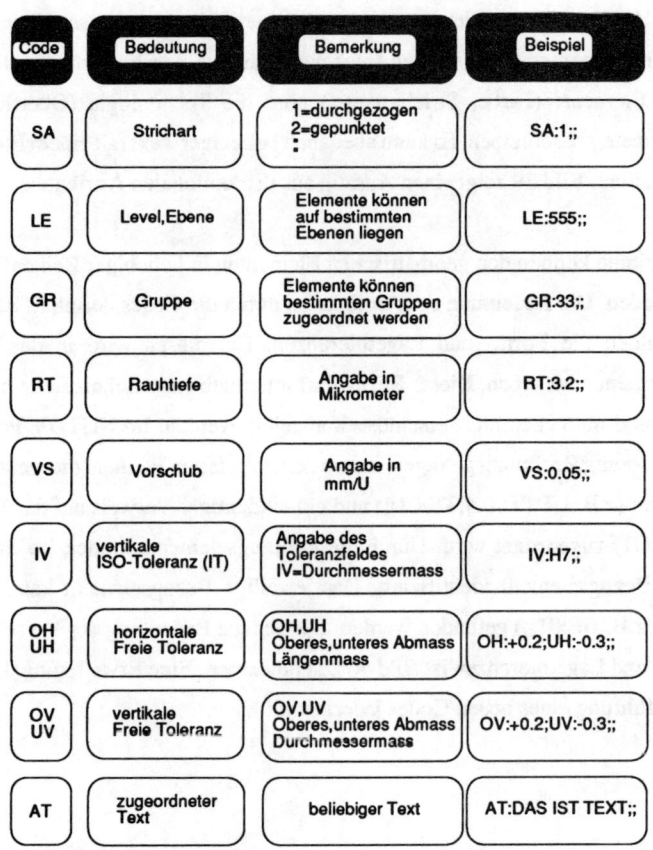

Code	Bedeutung	Bemerkung	Beispiel
SA	Strichart	1=durchgezogen 2=gepunktet :	SA:1;;
LE	Level,Ebene	Elemente können auf bestimmten Ebenen liegen	LE:555;;
GR	Gruppe	Elemente können bestimmten Gruppen zugeordnet werden	GR:33;;
RT	Rauhtiefe	Angabe in Mikrometer	RT:3.2;;
VS	Vorschub	Angabe in mm/U	VS:0.05;;
IV	vertikale ISO-Toleranz (IT)	Angabe des Toleranzfeldes IV=Durchmessermass	IV:H7;;
OH UH	horizontale Freie Toleranz	OH,UH Oberes,unteres Abmass Längenmass	OH:+0.2;UH:-0.3;;
OV UV	vertikale Freie Toleranz	OV,UV Oberes,unteres Abmass Durchmessermass	OV:+0.2;UV:-0.3;;
AT	zugeordneter Text	beliebiger Text	AT:DAS IST TEXT;;

Bild 39: Optionale Attribute im NGTDV-Format

Gerade für die 2 1/2 D-Programmierung, wo zu einem großen Teil verschiedene Bohrungsformen programmiert werden, ergeben sich Vorteile für die weitere Verarbeitung.

Freie Elemente dienen zur Übertragung von Informationen, welche nicht an die Geometrie des Werkstücks gebunden sind. Beispielsweise kann freier Text übertragen werden. Hierdurch können allgemeine Angaben, die in der Zeichnung zu finden sind und die für die Aufgabenerfüllung in der NC-Programmierung notwendig sind, übertragen werden.

Optionale Attribute zu den Elementen ermöglichen die Übertragung sämtlicher den geometrischen Elementen zugeordneten Informationen. Die Attribute können die Darstellung des Elements (Farbe, Strichart etc.) oder die Technologie (Oberflächengüte, Toleranzen etc.) beschreiben. Es kann aber auch beliebiger Text mit einem Element verbunden werden. Bild 39 zeigt einen Auszug aus den optionalen Attributen.

Diese Attribute können den geometrischen Elementen in beliebiger Reihenfolge zugeordnet werden. Die Bedeutung der Attribute ist durch die Codes definiert. Eine Besonderheit bilden die Form- und Lagetoleranzen. Bei diesen wird in der Regel ein Bezugselement angegeben. Dieser Bezug darf innerhalb einer Schnittstelle nicht verlorengehen und muß ebenfalls verschlüsselt abgelegt werden. Im NGTDV-Format wird dieser Forderung Rechnung getragen, indem dem tolerierten Element die technologische Information (z.B. LT:PO/0.4;TE/01;;) und ein eindeutiger Verweis auf das Bezugselement (TE/01) zugeordnet wird. Durch diese Bezugselementnummer, im Beispiel 01, wird das Bezugselement identifiziert. Das jeweilige Bezugselement kann durch die Kennung (z.B. BE:01;;) gefunden werden. Die genaue Bedeutung der Verschlüsselung für Form- und Lagetoleranzen ist Bild 40 zu entnehmen. Eine Erweiterung der Liste ist durch Einführung eines neuen Codes jederzeit möglich.

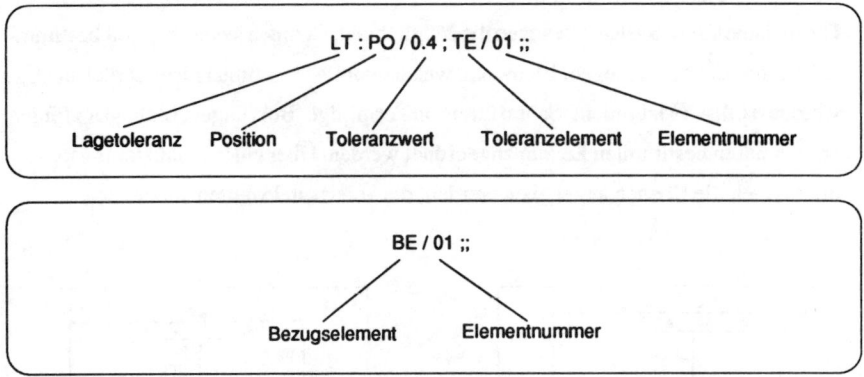

Bild 40: Codierung von Form- und Lagetoleranzen

5.3.3.4 NC-Aufbereitungsalgorithmus

Der NC-Aufbereitungsalgorithmus erzeugt automatisiert die Kontur, welche für die Drehbearbeitung von rotationssymmetrischen Werkstücken benötigt wird. Der Algorithmus kann auf jedem CAD-System implementiert werden, dessen interne Datenstruktur ein 2 D-Modell oder ein 3 D-Drahtmodell ist und welches über eine Programmiersprache verfügt, mit der auf die Datenstruktur des jeweiligen Systems zugegriffen werden kann. Es können alle Arten von Drehteilen (Wellen, Scheiben etc.) bearbeitet werden, wenn folgende Voraussetzungen erfüllt sind:

- Informationen müssen oberhalb der Mittellinie liegen

  Rotationssymmetrische Teile werden durch eine 2 D-Ansicht eindeutig definiert. Innerhalb dieser 2 D-Ansicht müssen alle Informationen (z.B. technische Attribute), die für den Algorithmus notwendig sind, oberhalb der Mittellinie liegen. Kann von dieser Voraussetzung ausgegangen werden, so vereinfacht sich die Entwicklung des Algorithmus, da sämtliche Informationen unterhalb der Mittellinie nicht berücksichtigt werden müssen.

- Anwendung der Ebenentechnik

Die meisten CAD-Systeme besitzen die Möglichkeit, Geometrieelemente auf bestimmte Ebenen (Levels) zu legen. Elemente, welche vom Algorithmus nicht berücksichtigt werden sollen (Maßlinien, Schraffuren, außermittige Bohrungen, Zahngrundlinien etc.), müssen bestimmten Leveln zugeordnet werden. Über eine Initialisierungsprozedur können die Ebenen angegeben werden, die verarbeitet werden sollen.

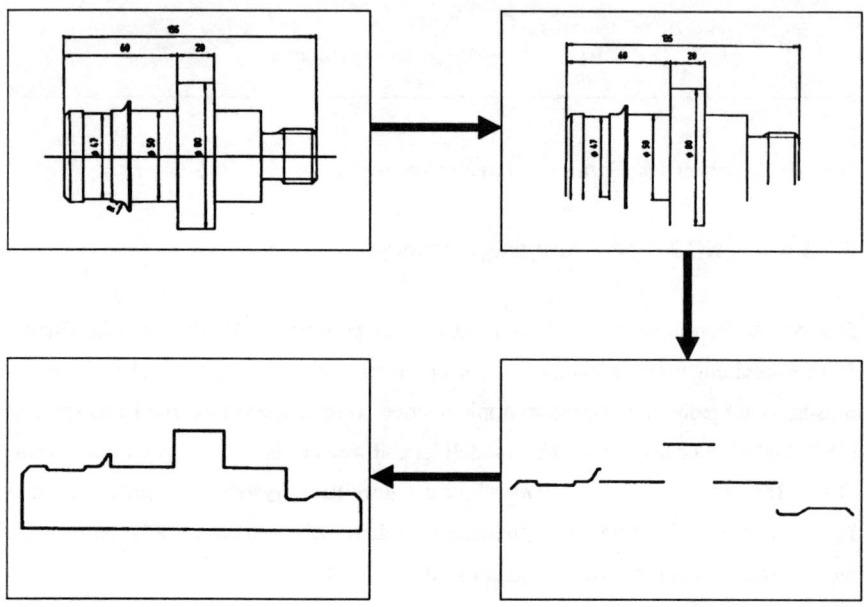

Bild 41: NC-Aufbereitungsalgorithmus

In Bild 41 sind die einzelnen Phasen des Algorithmus dargestellt. Den Ablauf des Aufbereitungsalgorithmus erklärt das Flußdiagramm in Bild 42. Die Schritte werden im folgenden kurz erläutert.

92

- **Eingabephase**

Nach dem Starten des Algorithmus werden vom Anwender Angaben zum Werkstück abgefragt. Liegt nur eine Außenkontur vor, so müssen der linke und rechte Schnittpunkt der Drehteilgeometrie mit der Rotationsachse angegeben werden. Erhält das Werkstück eine Innenkontur, so wird zwischen einer durchgehenden und einer unterbrochenen Innenkontur unterschieden. Bei der durchgehenden Innenkontur werden ebenfalls zwei Punkte, die die Rotationsebene bestimmen, benötigt. Im Fall der unterbrochenen Innenkontur müssen zusätzlich noch die Endpunkte der Innenkontur (Schnittpunkte mit der Mittelachse) angegeben werden. Mit Hilfe dieser Benutzereingaben kann der Entwicklungsaufwand für den Algorithmus gering gehalten werden. Die weiteren Schritte laufen ohne Eingriffe des Benutzers automatisch ab.

- **Vorbereitungsphase**

Der Aufbereitungsalgorithmus nimmt keine Veränderungen an der von der Konstruktionsabteilung erzeugten Geometrie vor. Das Werkstück wird zunächst kopiert, das bedeutet, im CAD-System wird eine neue Datei erzeugt. Anschließend werden Elemente auf den Ebenen, welche vom Algorithmus nicht berücksichtigt werden sollen, gelöscht. Für den weiteren Ablauf des Algorithmus ist es notwendig, daß nur Einzelelemente (Linie, Kreis, Kreisbogen etc.) vorliegen. Zusammenhängende Kurvenzüge, welche aus mehreren Elementen zusammengesetzt sind, werden in ihre Einzelelemente aufgeteilt.

- **Löschphase**

Da es sich um ein rotationssymmetrisches Problem handelt, werden Elemente, die sich gänzlich unterhalb der Mittellinie befinden, gelöscht. Von jedem Element werden die y-Koordinaten des Anfangs- und Endpunktes dahingehend überprüft, ob beide Werte unterhalb der Mittellinie liegen. Liegen beide Werte unterhalb der Mittellinie, wird das Element gelöscht. Liegt nur ein Wert darunter, so handelt es sich um eine senkrecht die Mittellinie schneidende Linie. Diese wird zunächst behalten. Im nächsten Schritt werden dann sämtliche senkrechten Linien gelöscht. Hierbei handelt es sich teilweise um Sichtkanten. Diese Elemente werden zur Konturerzeugung nicht benötigt. Teilweise sind es aber auch Konturelemente, die dann später in der Konturerzeugerphase wieder eingefügt werden. Jedes Element wird vor dem Löschen auf technische oder textuelle Attribute überprüft. Liegen Attribute vor, so werden diese in einem Feld gespeichert und bei der Konturerzeugung wieder zugeordnet.

- **Konturerzeugungsphase**

Die Mittellinie des Werkstückes liegt auf einer Ebene (Level), die in der Vorbereitungsphase gelöscht wird. Im Falle einer durchgehenden Innenkontur wird die Mittellinie nicht mehr gezeichnet. In allen anderen Fällen wird eine Linie zwischen den Punkten gezeichnet, welche in der Eingabephase eingegeben werden. Zur Vervollständigung des Konturzuges werden noch die senkrechten Linien eingezeichnet, die in der Löschphase gelöscht wurden und keine Sichtkonturen sind. Hierfür mußte ein spezieller Prozeß entwickelt werden. Von den verbleibenden Elementen werden die x-Koordinaten der jeweiligen Anfangs- und Endpunkte in ein Feld (Array) geschrieben. Anschließend werden alle Punkte mit gleicher x-Koordinate gesucht und die dazugehörigen y-Koordinaten in das entsprechende x-Feld geschrieben. Für jedes x-Feld wird die Anzahl der y-Koordinaten ermittelt. Ist die Anzahl ungerade, liegt bei der entsprechenden x-Koordinate ein Fehler in der Geometrie vor und eine Fehlermeldung wird ausgegeben. Bei einer geraden Anzahl werden die y-Koordinaten ihrer Größe nach sortiert. Der größte y-Wert (y_n) wird dann mit dem zweitgrößten (y_{n-1}) durch eine senkrechte Linie verbunden. Innerhalb eines x-Feldes wird dies solange fortgesetzt, bis y_{n-n+1} erreicht ist, wobei n nach jedem Verbinden um 2 reduziert wird. Liegen zwei identische y-Koordinaten ($y_n = y_{n-1}$) vor, so wird keine Linie eingezeichnet. Anschließend werden eventuell gefundene Attribute wieder den entsprechenden Konturelementen zugeordnet, und die Konturerstellung ist abgeschlossen.

94

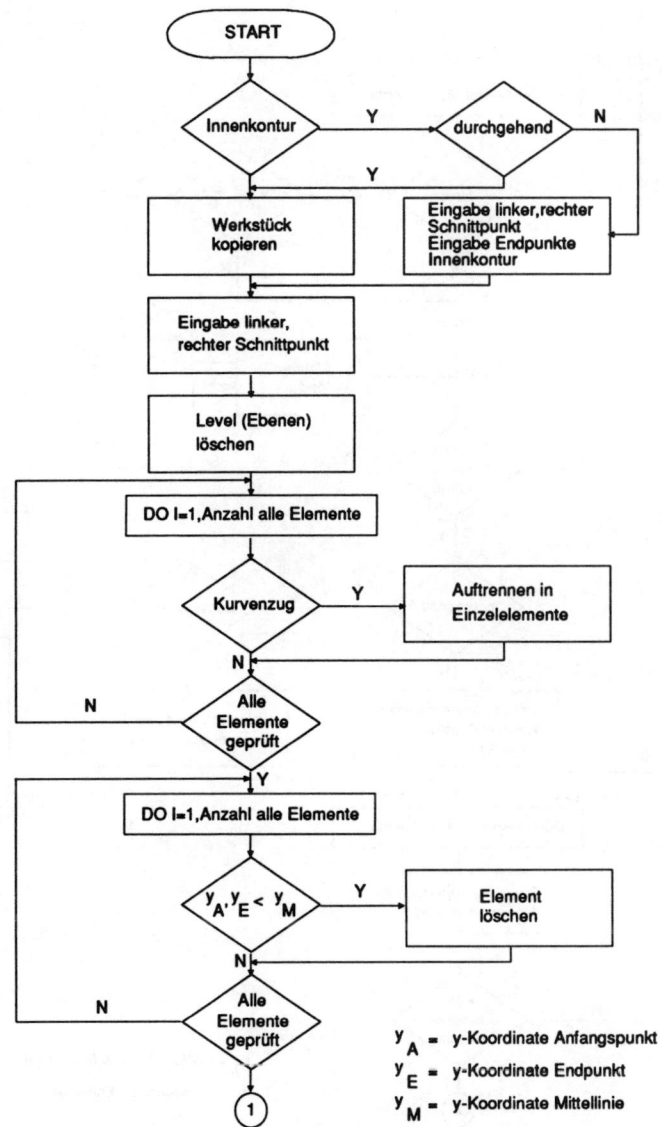

Bild 42: Flußdiagramm des NC-Aufbereitungsalgorithmus

95

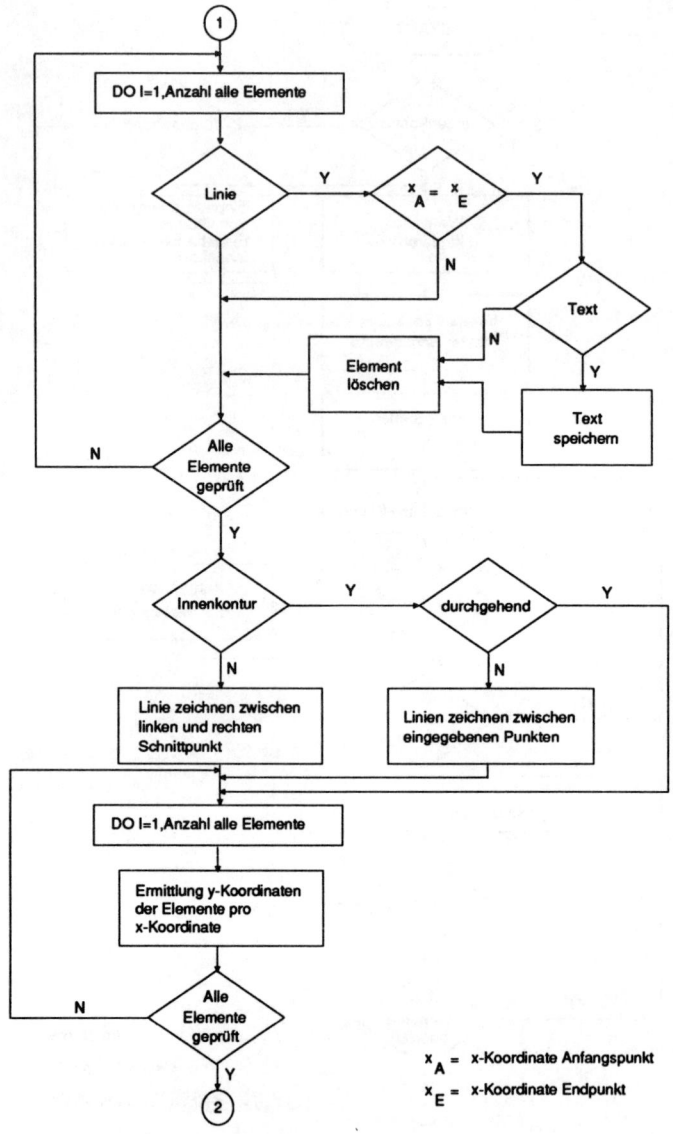

Bild 42 : Flußdiagramm des NC-Aufbereitungsalgorithmus

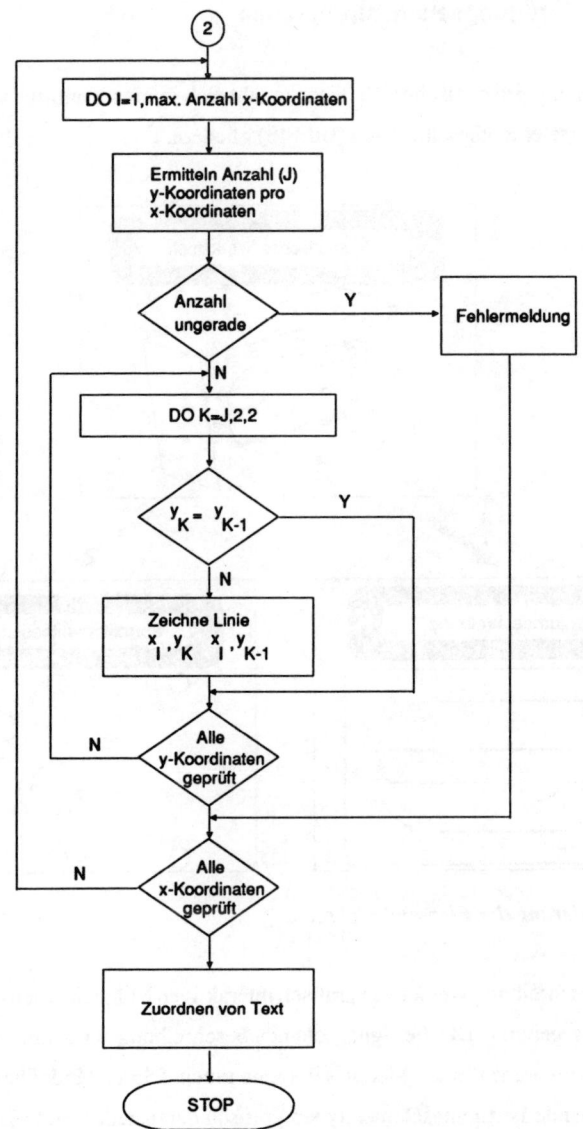

Bild 42 : Flußdiagramm des NC-Aufbereitungsalgorithmus

5.3.3.5 Fertigungselementprogramm

Die Beschreibung prismatischer Werkstücke läßt sich in eine Konturbeschreibung und eine Fertigungselementbeschreibung (Bild 43) gliedern.

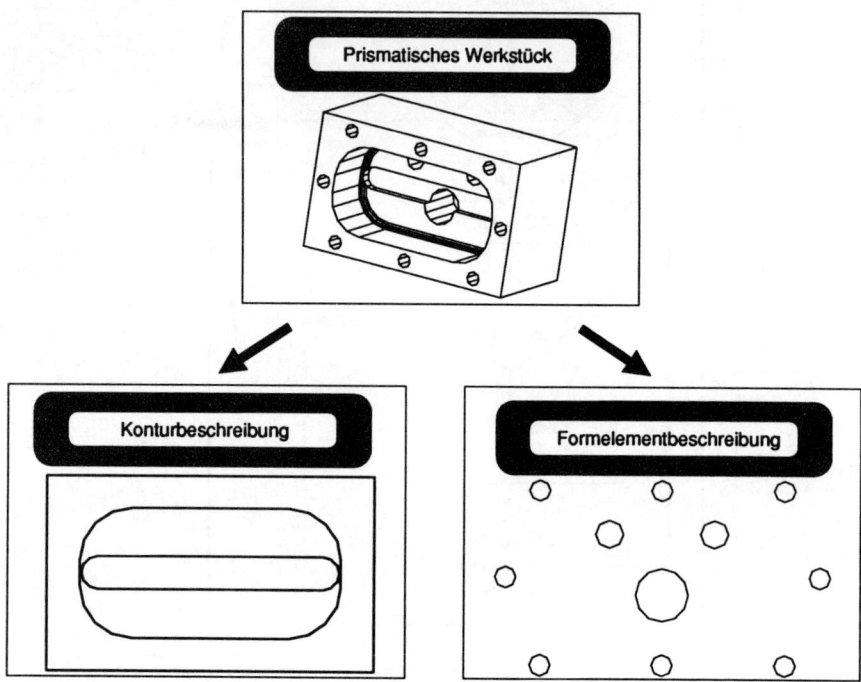

Bild 43: Gliederung der Elementbeschreibung

Zur Konturbeschreibung werden die grafisch interaktiven Möglichkeiten des jeweiligen CAD-Systems genutzt. Die Fertigungselementbeschreibung wird mit Hilfe eines im CAD-System implementierten Modules vorgenommen. Dieses Modul hat die Aufgabe, häufig auftretende Fertigungselementtypen grafisch darzustellen und die notwendigen Steuerinformationen für die nachfolgende NC-Programmerstellung zu erzeugen. Es kann auf jedem CAD-System implementiert werden, welches über eine geeignete Pro-

grammiersprache verfügt. Von entscheidender Bedeutung ist hierbei, daß es vom Benutzer um neue Fertigungselemente erweiterbar ist, denn nur so kann es an die unternehmenspezifischen Gegebenheiten angepaßt werden. Die über den Elementvorrat
hinausgehenden Werkstückmerkmale lassen sich ebenfalls mit den grafisch interaktiven
Möglichkeiten beschreiben. In diesem Fall werden keine Informationen für die nachfolgende NC-Programmierung erzeugt. In der Regel werden zunächst die Konturen eines
prismatischen Werkstückes bestimmt und anschließend die Fertigungselemente definiert. Die Phasen des Fertigungselementprogrammes zeigt Bild 44.

- **Auswahl der Darstellungsmethode**

  In dieser Phase kann der Benutzer angeben, in welcher Ansicht er konstruiert. Abhängig von der gewählten Ansicht (Draufsicht, Seitenansicht etc.) wird die entsprechende Darstellung gewählt. Wird mit einem 3 D-Drahtmodell gearbeitet, so wird das
  Fertigungselement ebenfalls als 3 D-Drahtmodell erzeugt. Die entsprechenden Ansich-
  ten können in diesem Fall vom jeweiligen CAD-System errechnet werden.

- **Auswahl der Fertigungselemente**

  In dieser Phase werden die verschiedenen Fertigungselemente (Sacklochbohrung,
  Sacklochgewinde, Durchgangsbohrung etc.) zur Auswahl angeboten. Abhängig vom
  jeweils gewählten Typ werden die zur Beschreibung notwendigen Parameter abgefragt.
  Im Fall der Bohrung sind es beispielsweise der Durchmesser und die Tiefe. In einem
  weiteren Schritt wird die Position des Fertigungselements bestimmt. Die Möglichkeiten der Positionsbestimmung sind abhängig vom jeweiligen CAD-System. Positionen
  können durch Koordinaten, konstruktiv oder durch grafische Eingaben bestimmt
  werden. Durch Angabe eines weiteren Punktes auf der Bohrungsachse wird die Lage
  bestimmt.

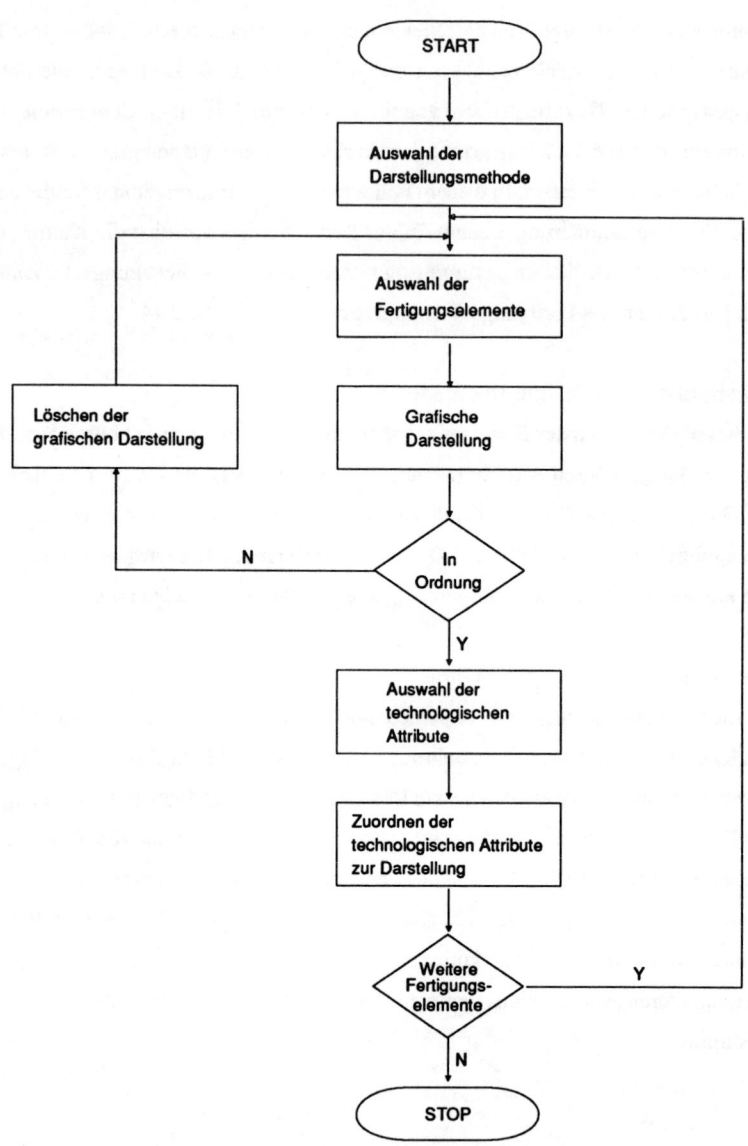

Bild 44: Flußdiagramm des Fertigungselementprogrammes

- **Grafische Darstellung**

Sind alle Parameter zur eindeutigen Bestimmung eingegeben, wird das Fertigungselement dargestellt. In dieser Phase werden mit Hilfe der CAD-Programmiersprache die
verschiedensten CAD-Funktionen genutzt. In Abhängigkeit von der gewählten Darstellungsmethode werden verschiedene Unterprogramme benötigt, welche, - ausgehend von den Eingaben -, Linien, Kreise, Kreisbögen etc. berechnen und in der
grafischen Datenbank ablegen. Die Komplexität der Unterprogramme ist abhängig von
der Darstellungsmethode. Bei Anwendung des 3 D-Drahtmodelles muß das Fertigungselement ebenfalls als Drahtmodell errechnet werden. Sind bei der Eingabe Fehler
aufgetreten, so muß eine Möglichkeit zur Korrektur gegeben sein. Ist der Anwender
mit dem erstellten Fertigungselement nicht einverstanden, so wird es aus der Datenbank gelöscht und die Phase "Auswahl der Fertigungselemente " erneut begonnen.

- **Auswahl der technischen Attribute**

Ist das Fertigungselement korrekt, müssen die technischen Attribute zugeordnet
werden, z.B. Toleranzen, Passungen und Oberflächengüten. Durch diese wird der
Ablauf für die nachfolgenden Bearbeitungen des Werkstückes bestimmt. In diesem
Abschnitt wird bei Form- und Lagetoleranzen auch das jeweilige Bezugselement angegeben.

- **Zuordnung der Attribute zur Darstellung**

Zur Übertragung in das NC-Programmiersystem müssen diese Attribute, dem Element
zugeordnet, in der Datenstruktur abgelegt sein. Die Möglichkeiten, technische Attribute in der Datenstruktur abzulegen, sind von der Architektur des jeweiligen CAD-
Systems abhängig. Bei manchen CAD-Systemen sind Felder für technische Attribute
vorgesehen und können direkt belegt werden. In manchen Fällen müssen diese Strukturen mit Hilfe von Zusatzprogrammen erweitert werden. Mit der Zuordnung von technischen Attributen werden Elementklassen gebildet. Werden Elemente gleicher
Klassen (gleiche Bearbeitungsabläufe) auf jeweils identische Ebenen (Level) gelegt,

können diese schneller erkannt und angesprochen werden. Mit der Zuordnung der technischen Attribute werden die Fertigungselemente auf den entsprechenden Level gelegt.

Diese einzelnen Phasen werden so lange wiederholt, bis sämtliche Fertigungselemente, die das Programm zur Verfügung stellt, im Werkstück positioniert sind.

5.3.3.6 Prozessoren für das NGTDV-Format

Für CAD-Systeme, welche Daten über das NGTDV-Format austauschen sollen, müssen Preprozessoren entwickelt werden. Deren Aufgabe ist es, die jeweilige rechnerinterne Darstellung (RID) des CAD-Systems in das NGTDV-Format umzuwandeln. Entwickler können die Systemhersteller sein. Besitzt das CAD-System eine Programmiersprache, welche auch den Zugriff auf die Datenstruktur des Systems ermöglicht, so kann der Anwender die Entwicklung übernehmen.

Die Struktur des Preprozessors ist in die Module
- Benutzerkommunikation und
- Umwandlung der rechnerinternen Darstellung in das NGTDV-Format
gegliedert.

Die Benutzerkommunikation wird in die Benutzeroberfläche des CAD-Systems integriert. Durch dieses Modul kann der Preprozessor gestartet und es können zusätzliche Eingaben (z.B. der Übertragungsbereich) gefordert werden. Bei rotationssymmetrischen Werkstücken kann die Bestimmung der zu übertragenden Elemente automatisch vorgenommen werden, da in diesem Fall die durch den Aufbereitungsalgorithmus erzeugte Kontur übertragen wird. Bei der Umwandlung in das NGTDV-Format werden die einzelnen Elementstrukturen gebildet. Liegen Koeffizienten nicht explizit vor, so sind die entsprechenden Berechnungen vorzunehmen. Die genaue Programmstruktur des Preprozessors wird vom CAD-System und dessen Programmiersprache beeinflußt.

Die Umwandlung des NGTDV-Formats in das jeweilige Format des Programmiersystems übernimmt der Postprozessor. Bei der Verbindung mit einem grafisch interaktiven Programmiersystem gibt es zwei Möglichkeiten:
- die direkte Umwandlung und
- die Umwandlung über ein Zwischenformat.

Im ersten Fall wird das NGTDV-Format direkt in die rechnerinterne Darstellung des Programmiersystems umgewandelt. Für diese Möglichkeit muß das Programmiersystem eine ähnliche Programmiersprache wie die CAD-Systeme besitzen, mit der Veränderungen in der Datenstruktur vorgenommen werden können. Diese Möglichkeit bieten noch sehr wenig Programmiersysteme.

Bei der Umwandlung über ein Zwischenformat wird das NGTDV-Format in ein vom Programmiersystemhersteller definiertes Format umgewandelt. Dieses Format wird dann mit einem weiteren Prozessor in die rechnerinterne Darstellung umgeformt. Als Programmiersprache für den Prozessor zur Formatumwandlung bieten sich höhere Programmiersprachen wie FORTRAN oder PASCAL an. Im vorliegenden Konzept wurde PASCAL gewählt, da PASCAL gegenüber FORTRAN deutliche Vorteile bei Datenstrukturierungsaufgaben besitzt und da von seiten des Programmiersystems keine bestimmte Programmiersprache notwendig war. Aus dem NGTDV-Format können nicht nur Informationen für ein grafisch interaktives Programmiersystem abgeleitet werden. Durch einen entsprechenden Prozessor kann die Konturbeschreibung in der Nomenklatur eines Teileprogrammes erzeugt werden. Auch in diesem Fall ist die Prozessorstruktur vom jeweiligen Programmiersystem abhängig. Im Postprozessor liegt ebenfalls die Intelligenz zur Generierung der Parameter, welche im NC-Programmiersystem die entsprechenden fertigungstechnischen Aktionen für die Fertigungselemente anstoßen.

5.4 PPS/NC-Verbindung

5.4.1 Die informationstechnischen Ebenen der PPS/NC-Verbindung

5.4.1.1 Einleitung

PPS-Systeme, organisationsorientierte Systeme, helfen die Ablauforganisation bei der Auftragsdurchführung effizient zu gestalten. Werden Einzelsysteme ablauforganisatorisch miteinander verbunden, so muß die Verbindung drei Schichten (siehe Kapitel 3.2) aufweisen.

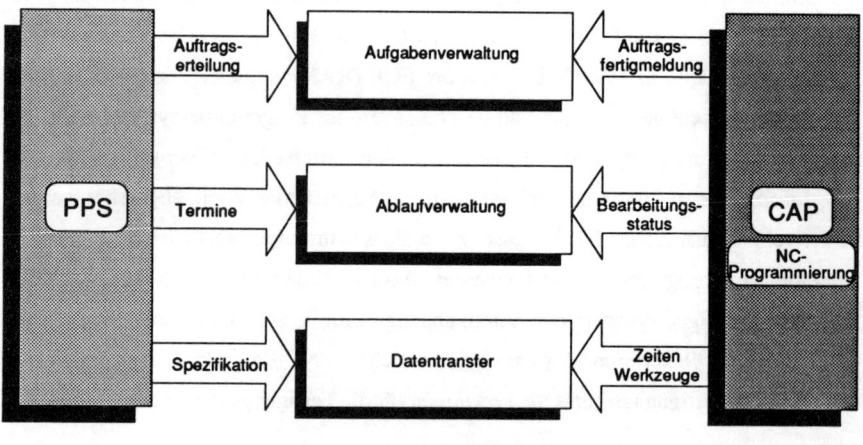

Bild 45: Ebenen der Kommunikation in der PPS/NC-Verbindung

Die drei Ebenen der PPS/NC-Verbindung, wie sie im Rahmen dieser Arbeit realisiert wurden, zeigt Bild 45.

Der Inhalt und die Struktur der einzelnen Ebenen sind einerseits abhängig von den jeweiligen Systemen (PPS-CAD,PPS-CAP), die miteinander verknüpft werden sollen. Andererseits hat aber auch das Umfeld (Aufbau- und Ablauforganisation), in dem die Verbindung realisiert werden soll, einen Einfluß. Einen wichtigen Ansatzpunkt für die Konzeption bilden somit die gewachsenen betrieblichen Strukturen. Im Rahmen von Ist-Analysen sind die heute vorliegenden Informationsflüsse zwischen den Bereichen, welche verbunden werden sollen, zu untersuchen. Besonderes Augenmerk ist hierbei auch auf die Tätigkeiten zu legen, die den Informationfluß auslösen.

An dieser Stelle ist anzumerken, daß die bestehende Ablauforganisation lediglich Basis für die Konzipierung von Systemverbindungen sein kann. In der Konzeptphase ist diese auf ihre Eignung für die EDV-technische Umsetzung zu überprüfen und ihr gegebenenfalls anzupassen. Um im Rahmen der Situationsanalyse fundierte Daten für die Konzeption der PPS/NC-Verbindung zu erhalten, sind folgende Teilschritte durchzuführen:

- Tätigkeitsanalyse im Rahmen der Auftragsbearbeitung auf der Produktionsplanungs- und -steuerungsseite,
- Tätigkeitsanalyse bei der Auftragsdurchführung im Bereich der NC-Programmierung,
- Ermittlung der Informationsträger, welche zur Auftragsbearbeitung ausgetauscht werden,
- Analyse des Inhalts der Informationsträger hinsichtlich Datenart und Datenquelle.

Die weiteren Teilschritte sind die Definition der Datenstruktur der Verbindung, der Struktur der einzelnen Module sowie deren Benutzeroberfläche.

Zur Definition der Datenstruktur sind die aus den Informationsträgern ermittelten Daten zu Gruppen zusammenzufassen. Enthält die Zusammenfassung den jeweiligen Datentyp (z.B. Real, Integer) und die zugehörige Feldgröße, so eignet sich diese Aufstellung für die Implementierung auf einem Datenbanksystem (Bild 54). Verbindungsstellen zu organisationsorientierten Systemen werden im Rahmen des Tätigkeitsablaufs benutzt. Sie lassen sich nur dann effektiv einsetzen, wenn die Struktur und die Bedienoberfläche dem Ablauf angepaßt werden. Die im Rahmen der Tätigkeitsanalyse ermittelten und eventuell an die EDV angepaßten Abläufe bilden die Anforderungen für die ergonomische Gestaltung der Verbindungsstelle. So ist beispielsweise darauf zu achten, daß dem Anwender tätigkeitsbezogen auch sämtliche Informationsfunktionen zur Verfügung stehen, die er zur Durchführung der Tätigkeit benötigt. Diese Aspekte sind hauptsächlich in der Ablauf- und Aufgabenverwaltungsebene zu berücksichtigen.

5.4.1.2 Die Datentransferebene

Auf der Ebene des Datentransfers zwischen Systemen unterschiedlicher interner Struktur wird oftmals eine Konvertierung der Datentypen notwendig (siehe CAD/NC-Verbindung). Besitzen die zu übertragenden Daten in den Zielsystemen keine inhaltliche Entsprechung, so wird zusätzlich eine Zuordnung der Begriffe durch das Schnittstellenprogramm notwendig. Somit findet in dieser Ebene nicht nur eine syntaktische Konvertierung, sondern bei Bedarf auch eine semantische Konvertierung statt. Bei der PPS/NC-Verbindung findet in dieser Ebene jeweils ein Datentransfer vom PPS- zum NC-System und ein solcher vom NC- zum PPS-System statt.

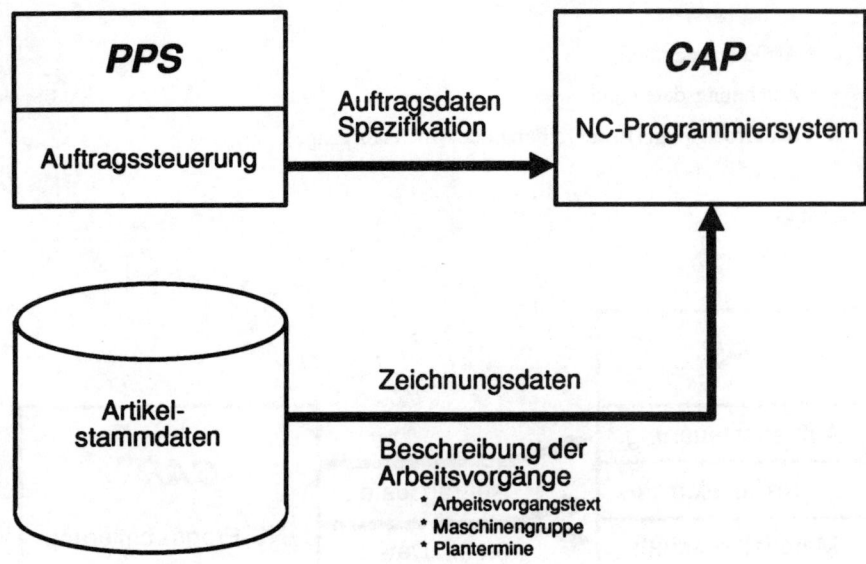

Bild 46: Datenfluß vom PPS- zum NC-System

- **Datentransfer vom PPS- zum NC-System** (Bild 46)

Es wird hierbei unterschieden zwischen auftragsbezogenen und artikelbezogenen Daten. Ein Programmierauftrag wird durch folgende Informationen beschrieben:

  * Auftragsnummer,
  * System zur Auftragsbearbeitung (verschiedene Programmiersysteme),
  * Richttermin,
  * Nummer des Arbeitsvorganges und
  * Informationen über den Kundenauftrag.

Zur Auftragsdurchführung werden noch artikelbezogene Daten,

  * Artikelgrunddaten,
  * Zeichnungsdaten und
  * der Arbeitsplan (Beschreibung der Arbeitsvorgänge)

benötigt.

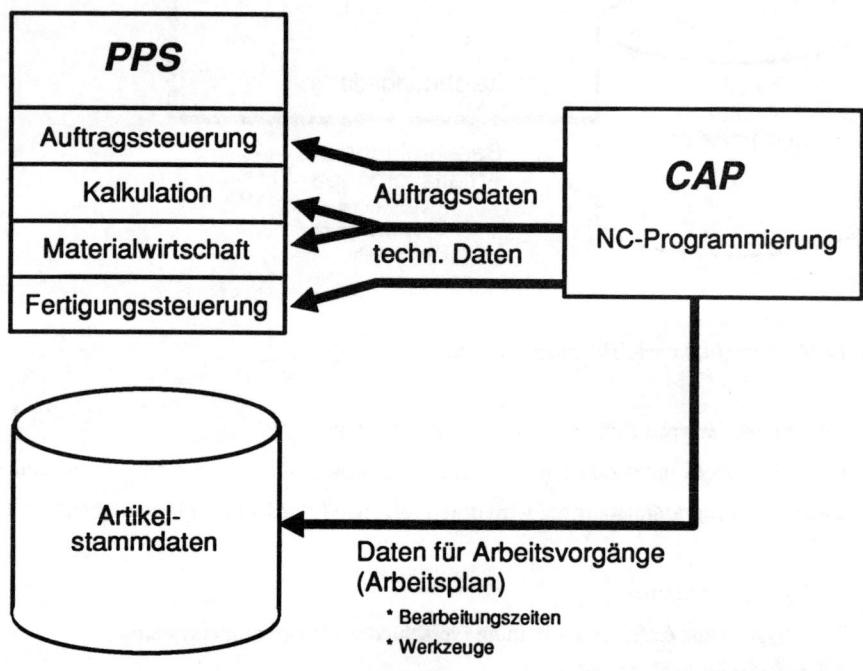

Bild 47: Datenfluß vom NC- zum PPS-System

- **Datentransfer vom NC- zum PPS-System** (Bild 47)

Auch nach der Beendigung eines Programmierauftrags werden die zu übertragenden Daten in auftragsbezogene und artikelbezogene Daten unterschieden. Die Auftragsdaten bei der Fertigmeldung sind:

* Auftragsnummer und Fertigstatus,
* der Ist-Termin der Auftragsbeendigung,
* die Anzahl der erzeugten NC-Programme und
* die Bearbeitungsdauer als Grundlage einer Bestimmung des Programmieraufwandes.

Der Programmieraufwand wird einerseits für die Kostenrechnung verwendet. Andererseits kann der Programmieraufwand auch für die Kapazitätsplanung in der NC-Programmierung herangezogen werden.

Die artikelbezogenen Daten ergänzen oder korrigieren die Artikelstammdaten. Übertragen werden

* die Inventarnummer der Maschine, für die die Programme erstellt wurden,
* die Bearbeitungszeit (Stückzeit) pro Programm und
* die eingesetzten Werkzeuge pro Programm.

Liegen mehrere NC-Programme für einen Programmierauftrag vor, so wird aus den einzelnen Stückzeiten eine Gesamtstückzeit ermittelt.

5.4.1.3   Die Ablaufverwaltungsebene

Die Ablaufverwaltungsebene koordiniert die Bewegungen der Datentransferebene, damit sowohl ein kontrollierter Auftragsdurchlauf als auch ein zeitlich und inhaltlich richtiger Datenaustausch stattfinden kann.

Die Realisierung des kontrollierten Zugriffes ist durch die Verwendung von Status (Zuständen) möglich. Status können als Gültigkeitskennzeichen und zur Kennzeichnung des Auftragsfortschrittes verwendet werden. Die einzelnen Zustände, die ein Programmierauftrag während der Bearbeitung durchläuft, können mit Hilfe eines Zustandsgraphen (Bild 48) dargestellt werden.

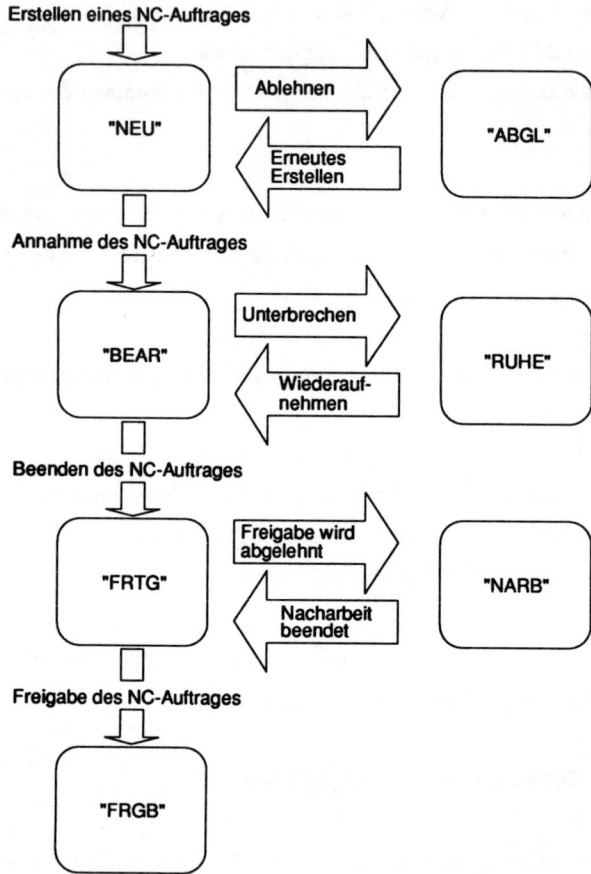

Bild 48: Zustandsgraph des NC-Programmierauftrages

So können bei einem Durchlauf eines Programmierauftrages folgende Zustände auftreten:

- NEU: Der NC-Programmierauftrag wurde vom PPS-System erzeugt und einem bestimmten System zugewiesen.

- ABGL: Der NC-Programmierauftrag wurde beispielsweise wegen fehlender Daten abgelehnt. Die entsprechende Begründung wird angegeben.

- BEAR: Der NC-Programmierauftrag wurde angenommen und ist in Bearbeitung.

- RUHE: Die Bearbeitung des NC-Programmierauftrags wurde unterbrochen, der Auftrag ruht in der NC-Programmierung.

- FRTG: Der NC-Programmierauftrag wurde komplett bearbeitet, alle NC-Programme wurden in der Simulation getestet und fertiggemeldet.

- NARB: Bei der Kontrolle des NC-Programmierauftrags wurden Fehler festgestellt, der Auftrag muß nachbearbeitet werden.

- FRGB: Alle NC-Programme wurden kontrolliert, und der NC-Programmierauftrag wurde zur Fertigung freigegeben.

Ein wesentlicher Aspekt der Ablaufverwaltung ist die Flexibilität. Durch Miteinbeziehung von Systemdaten als Parameter in die Steuerung der Ablaufverwaltung können verschiedenartige NC-Programmiersysteme nebeneinander koordiniert werden.

5.4.1.4 Die Aufgabenverwaltungsebene

In diesen Bereich fallen verschiedene an den Aufgaben der Systeme orientierte Funktionen, die in der kosten- und termingerechten Erstellung von NC-Programmen und der Bereitstellung von Produktionsunterlagen bestehen. Für die PPS/NC-Verbindung sind hier folgende Punkte zu nennen:

- Systemübergreifende Informationsfunktionen (artikel-, arbeitsplanbezogene Suchfunktionen),
- Auslösen von Programmieraufträgen (Einteilen und Verwalten),
- Beenden von Programmieraufträgen (Fertigmelden und Verwalten),
- Funktionen der Terminierung und Terminüberwachung.

Mit diesen Funktionen können die Tätigkeiten der Auftragsabwicklung von seiten des PPS-Systems und von seiten des NC-Programmiersystems erledigt werden.

5.4.2 Die Integration des PPS- und NC-Systems mit Hilfe einer Datenbank

5.4.2.1 Allgemeines

Der Einsatz einer Datenbank als zentrales Kopplungselement zwischen dem PPS- und NC-System sowie auch anderen CAx-Komponenten ist von Vorteil unter dem Gesichtspunkt

- des Datentransfers und der Datenkonvertierung sowie
- der Verwaltung und der ablauforganisatorischen Steuerung von Aufträgen.

Die Datenbank, eigentlich ein System zur Speicherung und Abfrage von Daten, erhält in diesem Anwendungsfall einen ausgeprägten Schnittstellencharakter /vgl. 29, 71/. Für die Integration des PPS-Systems und des NC-Systems wird in der vorliegenden Arbeit der relational verteilte Datenbankansatz gewählt.

Der relationale Datenbankansatz basiert auf der Relationalalgebra. Er baut auf dem Prinzip auf, daß die Beziehungen in der Datenstruktur über den Inhalt der Datenbank hergestellt werden. Der Vorteil des relationalen Ansatzes ist die übersichtliche Darstellungsform in Tabellen. Der Bezug zu anderen Tabellen kann über den Dateninhalt hergestellt werden. Dadurch ist eine leichte Erweiterbarkeit der Datenstruktur möglich, was bei der Einbindung neuer Systeme Vorteile bietet.

Von verteilter Datenhaltung wird gesprochen, wenn Datenbestände aus organisatorischen Gründen über mehrere Rechenanlagen verteilt sind. Jede Rechenanlage verfügt dann über ein lokales Datenbankverwaltungssystem, dem die lokalen Datenbestände untergeordnet sind. Der Benutzer oder das von ihm aufgerufene Anwenderprogramm kommuniziert bei der verteilten Datenhaltung mit einem übergeordneten globalen Datenbankverwaltungssystem, das Kenntnis über die Inhalte der lokalen Datenbestände besitzt und die gewünschte Information mit Hilfe der zuständigen lokalen Datenbankverwaltungssysteme bereitstellt.

Folgende Möglichkeiten eines Datenbanksystems für den Datentransfer und die Datenkonvertierung sind hervorzuheben:

- Die Darstellung von Daten in Datenbankfeldern entspricht einem neutralen Datenformat bei der Konvertierung einer internen Darstellung in eine andere interne Darstellung.
- Unterstützung der Konvertierung durch Routinen der Datenbank-Abfragesprache (Query-Language).
- Ein verteiltes Datenbanksystem übernimmt den Datentransfer zwischen verschiedenen Rechnern und verschiedenen Betriebssystemen eines Rechnernetzwerkes.
- Eine Kopplung von Systemen über eine Datenbank mit erweiterbaren Datenstrukturen ist offen für die Eingliederung weiterer Systeme.

Für die Datenbank als Instrument der ablauforganisatorischen Systemverbindung und Steuerung sind folgende Argumente anzuführen:

- Vom Anwender zu gestaltende Masken und leistungsstarke Abfragemöglichkeiten der Query-Language unterstützen die Auftragsabwicklung. Häufig sind Standardpakete mit individueller Einsatzgestaltung (Ausgabegrafik, Suchfunktion) vorhanden.
- Ablauforganisatorisch relevante Daten können direkt in der Datenbank abgelegt werden, zum Beispiel:
  * Auftragsstatus,
  * Benutzer und ihre Zugriffsrechte.
- Die Datenbank bietet aufgrund der eigenen Datenhaltung eine Pufferwirkung für die Auftragsabwicklung.
- Die relationale Datenbank ist in der Regel multi-userfähig, eine Kollision von Zugriffen kann wie im Falle einer direkten Kopplung nicht in Erscheinung treten.

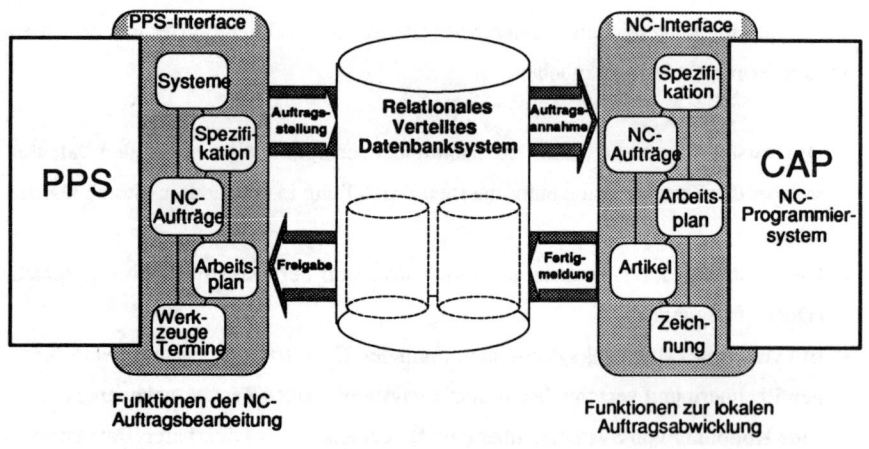

Bild 49: Verbindung des PPS- und NC-Systems mit Hilfe einer Datenbank

114

Unter Verwendung der hier genannten Möglichkeiten wurde die PPS/NC-Verbindung mit Hilfe einer Datenbank in den drei Ebenen (siehe Kapitel 5.4.1) konzipiert.

Sie besitzt zwei Benutzerschnittstellen (Bild 49):
- das PPS-Interface und
- das NC-Interface.

5.4.2.2 Die Benutzerschnittstellen der Integrationssoftware

Die Gliederung in zwei Einzelschnittstellen wurde vorgenommen aufgrund der räumlichen und funktionalen Trennung der Bereiche, in denen die Schnittstellen bedient werden. Außerdem erhöht die Trennung die Flexibilität bei individuellen Weiterentwicklungen der Einzelschnittstellen.

Das PPS-Interface

Das PPS-Interface beinhaltet Funktionen der Auftragserstellung und Auftragsfreigabe von NC-Programmieraufträgen für den PPS-Sachbearbeiter. Dazu gehören Informationsfunktionen, die sowohl für die klare und vollständige Definition des Auftrags als auch für die Beurteilung der fertiggestellten Aufträge notwendig sind.

Die Funktionsstruktur des PPS-Interface gliedert sich in
- auftragsbezogene Funktionen und
- auftragsunabhängige Informationsfunktionen (Bild 50).

Die Erstellung eines NC-Programmierauftrages erfolgt immer in bezug auf einen Arbeitsgang aus dem Arbeitsplan, welcher dem jeweiligen Fertigungsartikel zugeordnet ist. Zur Erstellung des NC-Programmierauftrages gehören neben der Angabe des Arbeitsgangs noch die Vorgabe eines Richttermins, einer Sollbearbeitungsdauer und des NC-Programmiersystems, das den Auftrag bearbeiten soll. Bei Einlasten des Auftrags wird der Datentransfer vom PPS-System zur Datenbank (z.B. Betriebsmittel-Nr., Arbeitsgang-Text) ausgelöst.

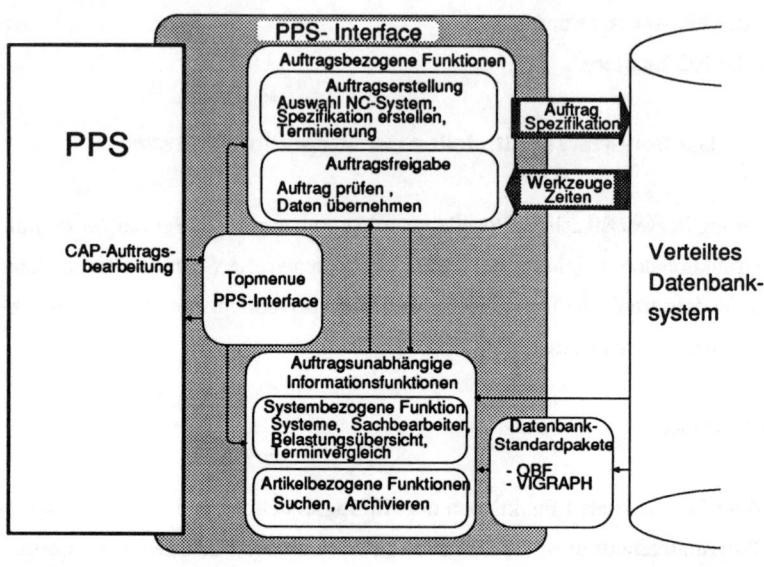

Bild 50: Struktur des PPS-Interface

Auch nach Einlasten des Auftrages ist es möglich, Aufträge mit dem PPS-Interface zu bearbeiten. Sie können angezeigt, geändert oder gelöscht werden. Natürlich müssen Funktionen zur Einsichtnahme in den Auftragsbestand zur Verfügung stehen. Diese Funktionen werden zur Kontrolle, Planung und Terminierung benötigt. Nach der Fertigmeldung eines Auftrages durch die NC-Programmierung wird der Auftrag geprüft und im Falle der korrekten Ausführung freigegeben. In diesem Fall werden alle NC-Programme, welche zu einem Programmierauftrag gehören, freigegeben. Freigegebene NC-Programme können von der Fertigung zur Bearbeitung angefordert werden.

116

Die Informationsfunktionen unterstützen den Anwender bei der Auftragserstellung. Folgende Anzeigefunktionen stehen zur Verfügung:

- Artikel mit Artikeldaten und Arbeitsplänen,
- Kundenauftragsinformationen,
- Systeminformationen (Eigenschaften, Auslastung etc.).

Der zuletzt angeführte Punkt ist vor allem wichtig für die Auftragserstellung, um wirklich realistische Werte für Auftragsdauer und Richttermin vorgeben zu können.

Die Auftragsabwicklung für einen NC-Programmierauftrag im PPS-System ist von der Struktur des Unternehmens sowie von dem Produktspektrum, welches hergestellt wird, abhängig. Werden hauptsächlich Varianten gefertigt, so wird mit Standardarbeitsplänen, welche im PPS-System verwaltet werden, gearbeitet. In diesem Fall muß die Arbeitsplanerstellung nicht beauftragt werden. Mit Hilfe des PPS/NC-Interface wird für jeden Arbeitsgang des Standardarbeitsplanes, der eine Fertigung auf einer NC-Maschine vorsieht, ein Programmierauftrag erstellt. Umfaßt das Teilespektrum hauptsächlich Neuteile, die in kleinen Losgrößen gefertigt werden, muß für jedes Teil ein neuer Arbeitsplan erstellt werden. Hierfür muß vom PPS-System zunächst ein Auftrag an die Arbeitsplanerstellung gestellt werden. Erst nach Überprüfung, Freigabe und Übernahme des Arbeitsplanes in das PPS-System können die entsprechenden NC-Programmieraufträge gebildet werden. In Bild 51 ist der Ablauf der Auftragserstellung und -annahme dargestellt.

Ist die Konstruktion abgeschlossen und ein Standardarbeitsplan vorhanden, so wird direkt aus dem PPS-System ein Programmierauftrag erzeugt. Andernfalls wird zunächst ein Auftrag zur Arbeitsplanerstellung erzeugt.

Die Freigabeanforderungen werden an das PPS-System gerichtet. Das PPS-System ist zuständig für die Kontrolle der jeweiligen Aufträge. Hier werden die erzeugten Arbeitspläne und NC-Programme auf Vollständigkeit und Korrektheit überprüft. Auch wird hier die Zuordnung der jeweiligen NC-Programme zu einem Arbeitsplan getroffen. Liegen sämtliche Daten vollständig vor, wird der Artikel zur Fertigung freigegeben.

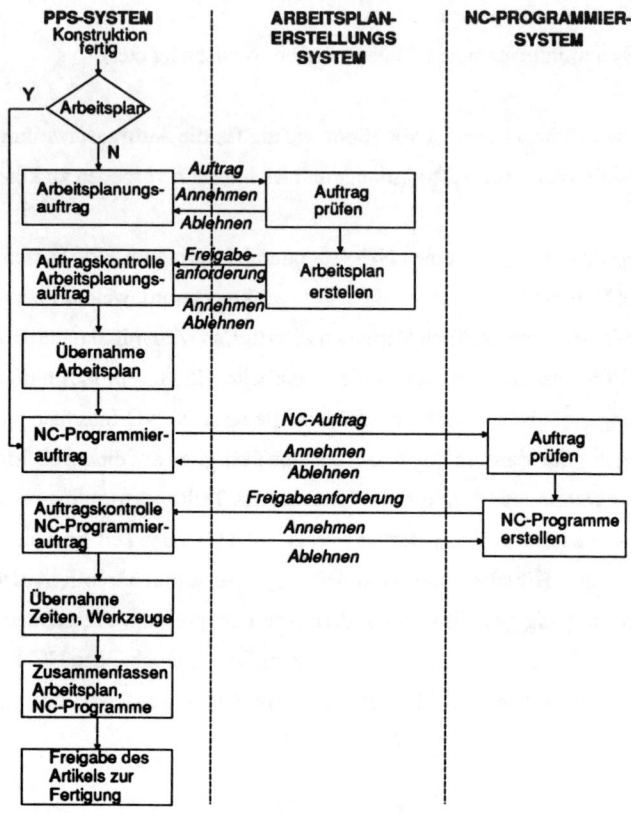

Bild 51: Schema der Auftragsabwicklung für einen NC-Programmierauftrag

Das PPS-Interface ist mit den Möglichkeiten der Datenbank realisiert und somit system-unabhängig. Es kann dadurch an verschiedene PPS-Systeme angeschlossen werden. Die Benutzeroberflächen von Systemen erlauben es meistens, weitere, auch eigenentwickel-te Programme als "executable image" aufzurufen. Dadurch kann das Interface in jedes

118

beliebige System eingebunden werden. Lediglich der Datentransfer zwischen der Datenbank und dem jeweiligen System muß systemspezifisch gelöst werden.

Das NC-Interface

Das NC-Interface bezieht sich auf die Auftragsbearbeitung, auf die konkreten, am Arbeitsplatz durchführbaren NC-Programmaufträge. Sie können angenommen, abgelehnt, angezeigt, bearbeitet und fertiggemeldet werden. Daneben stehen wieder Informationsfunktionen, artikel- und arbeitsplanbezogene Funktionen zur Verfügung. Auch hier wird, wie schon beim PPS-Interface, eine Aufteilung in auftragsbezogene und auftragsunabhängige Funktionen vorgenommen (Bild 52).

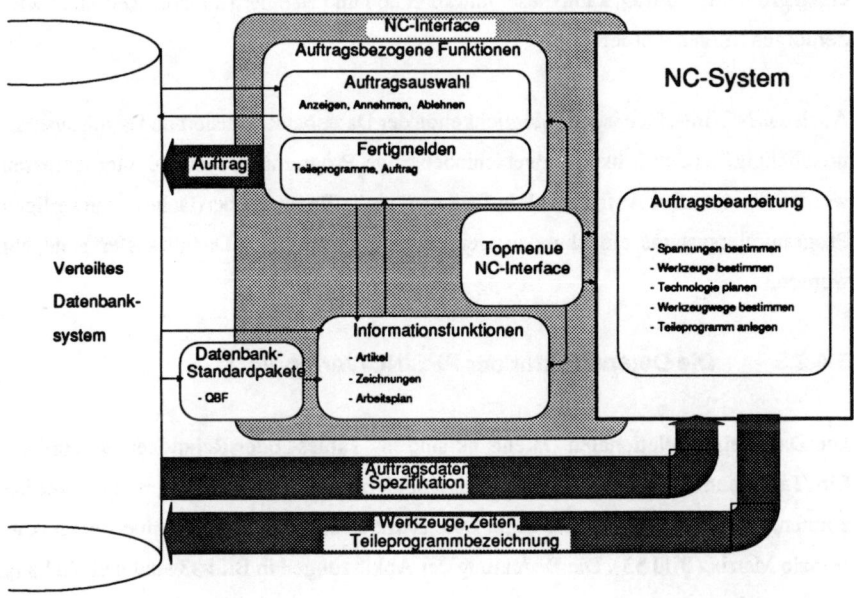

Bild 52: Struktur des NC-Interface

119

Die Auftragsabwicklung von seiten der NC-Programmierung beginnt mit der Auftragsauswahl. Mit Hilfe der Informationsfunktionen wird die Spezifikation des Auftrages, der Arbeitsplan und das Vorliegen von Zeichnungen überprüft. Ist der Auftrag nicht durchführbar, kann er vom NC-Programmierer unter Angabe einer Begründung (z.B. fehlende CAD-Daten) abgelehnt werden. Wird der Auftrag angenommen, so nutzt der Anwender die vom NC-Programmiersystem angebotenen Funktionen zur Durchführung des Auftrages. Oftmals ist es notwendig, für einen NC-Programmierauftrag mehrere Teileprogramme zu erstellen. Die Entscheidung hierfür liegt beim Anwender. Mit den Funktionen des Interface hat er die Möglichkeit, einzelne Teileprogramme fertigzumelden und neue Programmnummern anzufordern. Sind alle Teileprogramme erstellt, wird der gesamte Programmierauftrag fertiggemeldet. Bei der Fertigmeldung der einzelnen Teileprogramme wird der Datentransfer in die Datenbank angestoßen. Handelt es sich um einen größeren Auftrag, kann dieser unterbrochen und zu einem anderen Zeitpunkt wiederaufgenommen werden.

Auch das NC-Interface ist mit Möglichkeiten der Datenbank realisiert und somit systemunabhängig, wodurch mehrere verschiedenartige Programmiersysteme angeschlossen werden können. Der Aufruf des Interface muß in die Benutzeroberfläche des jeweiligen Programmiersystems eingebunden werden, und es muß der Datentransfer angepaßt werden.

5.4.2.3 Die Datenstruktur der PPS/NC-Verbindung

Die Daten einer relationalen Datenbank sind in "Tables" oder Relationen angeordnet. Ein Table enthält eine Anzahl von Datenfeldern, in die Werte eingetragen werden können. Durch Anfügen immer neuer Datensätze an ein Table entsteht eine zweidimensionale Matrix (Bild 53). Die Bedeutung der Abkürzungen in Bild 53 sind dem Anhang A zu entnehmen.

120

Query Target Name is ncprogramm

TABLE(S) : ncprogramm

ncid	ncauftrid	maschnr	prognr	ncstat	sbnc	nczeitid	textid	spannr
0	1	DC30	1_1.NC	FRGB	KOEPFE	2	0	1
0	12	MD3IT	12_1.NC	FRGB	TEMPUS	16	0	1

Bild 53: Beispiel für ein Table der Datenbankstruktur

Die Datensätze ("Reihen") des Table können über identische Datenfelder mit den Daten eines anderen Table verknüpft werden, so daß, von einer einzelnen Information ausgehend, zum Beispiel eines NC-Auftragskennzeichens (ncauftrid), mit Hilfe von Querbeziehungen Transaktionen auf die ganze Datenbankstruktur ausgeführt werden können. Die Gestaltung der Tables und die Art ihrer Verknüpfungswege sind entscheidend für die Möglichkeiten eines Integrationssystems, komplexe Funktionen auszuführen. In Bild 54 ist die Struktur der Integrationsdatenbank zur Verbindung des PPS-Systems mit dem NC-Programmiersystems dargestellt.

Die Struktur berücksichtigt:

- die Aufteilung einer Programmieraufgabe in ablauforganisatorische Auftragsdaten und teileprogrammbezogene Daten,
- die Zuordnung des Teileprogrammes zu einem Arbeitsgang,
- die Zuordnung eines Programmierauftrages zu einem Artikel.

Die Erläuterungen der einzelnen Datenfelder sind im Anhang zu finden. Sie werden dort, nach Tables geordnet, mit den Variablennummern, ihrem Datentyp und ihrer Verwendung beschrieben.

121

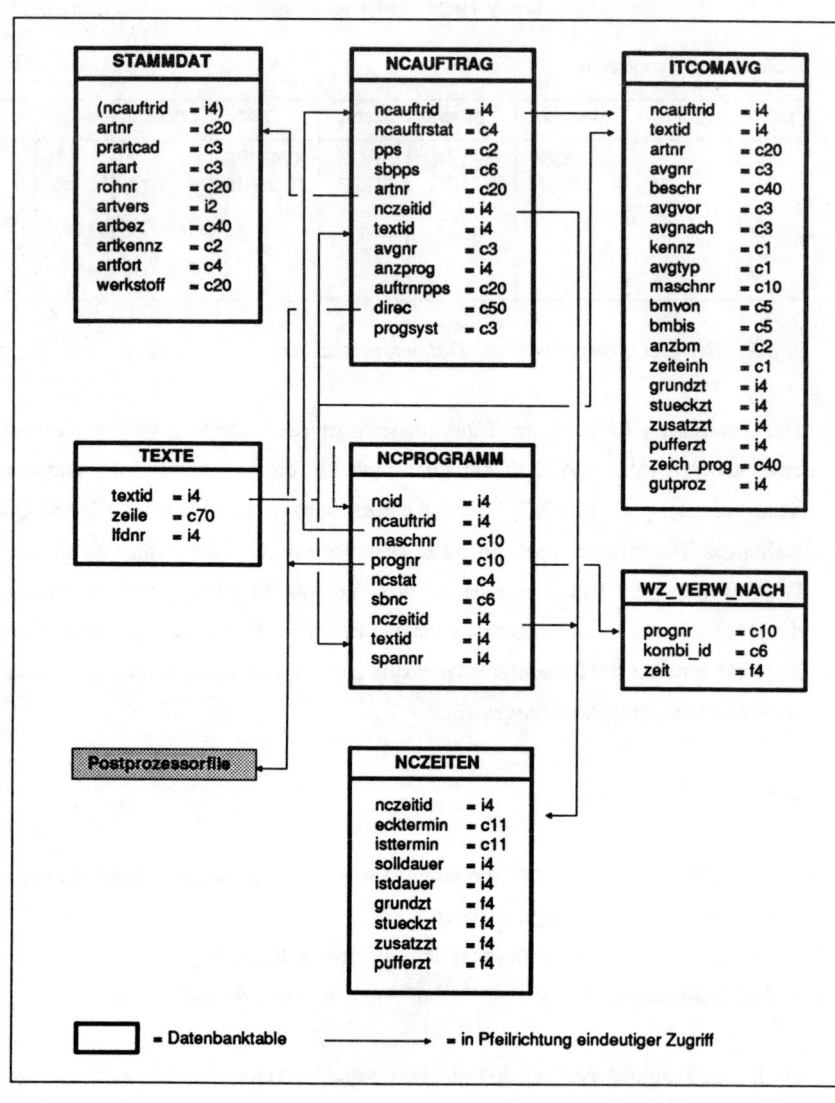

STAMMDAT	
(ncauftrid	= i4)
artnr	= c20
prartcad	= c3
artart	= c3
rohnr	= c20
artvers	= i2
artbez	= c40
artkennz	= c2
artfort	= c4
werkstoff	= c20

NCAUFTRAG	
ncauftrid	= i4
ncauftrstat	= c4
pps	= c2
sbpps	= c6
artnr	= c20
nczeitid	= i4
textid	= i4
avgnr	= c3
anzprog	= i4
auftrnrpps	= c20
direc	= c50
progsyst	= c3

ITCOMAVG	
ncauftrid	= i4
textid	= i4
artnr	= c20
avgnr	= c3
beschr	= c40
avgvor	= c3
avgnach	= c3
kennz	= c1
avgtyp	= c1
maschnr	= c10
bmvon	= c5
bmbis	= c5
anzbm	= c2
zeiteinh	= c1
grundzt	= i4
stueckzt	= i4
zusatzzt	= i4
pufferzt	= i4
zeich_prog	= c40
gutproz	= i4

TEXTE	
textid	= i4
zeile	= c70
lfdnr	= i4

NCPROGRAMM	
ncid	= i4
ncauftrid	= i4
maschnr	= c10
prognr	= c10
ncstat	= c4
sbnc	= c6
nczeitid	= i4
textid	= i4
spannr	= i4

WZ_VERW_NACH	
prognr	= c10
kombi_id	= c6
zeit	= f4

Postprozessorfile

NCZEITEN	
nczeitid	= i4
ecktermin	= c11
isttermin	= c11
solldauer	= i4
istdauer	= i4
grundzt	= f4
stueckzt	= f4
zusatzzt	= f4
pufferzt	= f4

☐ = Datenbanktable   ——▶ = in Pfeilrichtung eindeutiger Zugriff

Bild 54: Datenbankstruktur der PPS/NC-Verbindung

122

6.   Realisierungsbeispiel des Systems

6.1   Eingesetzte Systeme

Die Realisierung des integrierten NC-Planungssystems für die 2 1/2 D-Programmierung erfolgt auf Basis des in Bild 24 dargestellten und in den vorhergehenden Kapiteln beschriebenen Konzeptes. Bild 55 zeigt das realisierte Beispiel.

Für die Auswahl der Systeme, mit denen die Realisierbarkeit nachgewiesen wird, wurden folgende Beurteilungskriterien herangezogen:
- im Praxiseinsatz weitverbreitete Systeme,
- Entwicklungsmöglichkeiten in der Benutzeroberfläche des Sytems,
- Schnittstellen und Zugriffsmöglichkeiten auf die Datenstrukturen ("offenes System"),
- Programmiermöglichkeit zur Erstellung und Einbindung von eigenen Programmen.

Anhand dieser Beurteilungskriterien wurden beispielhaft ein CAD-System, ein grafisch interaktives NC-Programmiersystem, ein relationales Datenbanksystem und ein PPS-System zur Realisierung der CAD/NC-Verbindung und der PPS/NC-Verbindung ausgewählt.

CAD-System

Als CAD-System wird das System BRAVO3 /72/ von Schlumberger Technologies eingesetzt. Mit dem System BRAVO3 können aus geometrischen Grundelementen (Linie, Kreis, Kreisbogen etc.) 2 D- oder 3 D-Drahtmodelle erzeugt werden. Die Software von BRAVO3 ist modular aufgebaut. Weitere Module zur Erzeugung von Volumenmodellen und Oberflächen oder zur Finte Elemente Berechnung können optional integriert werden.

123

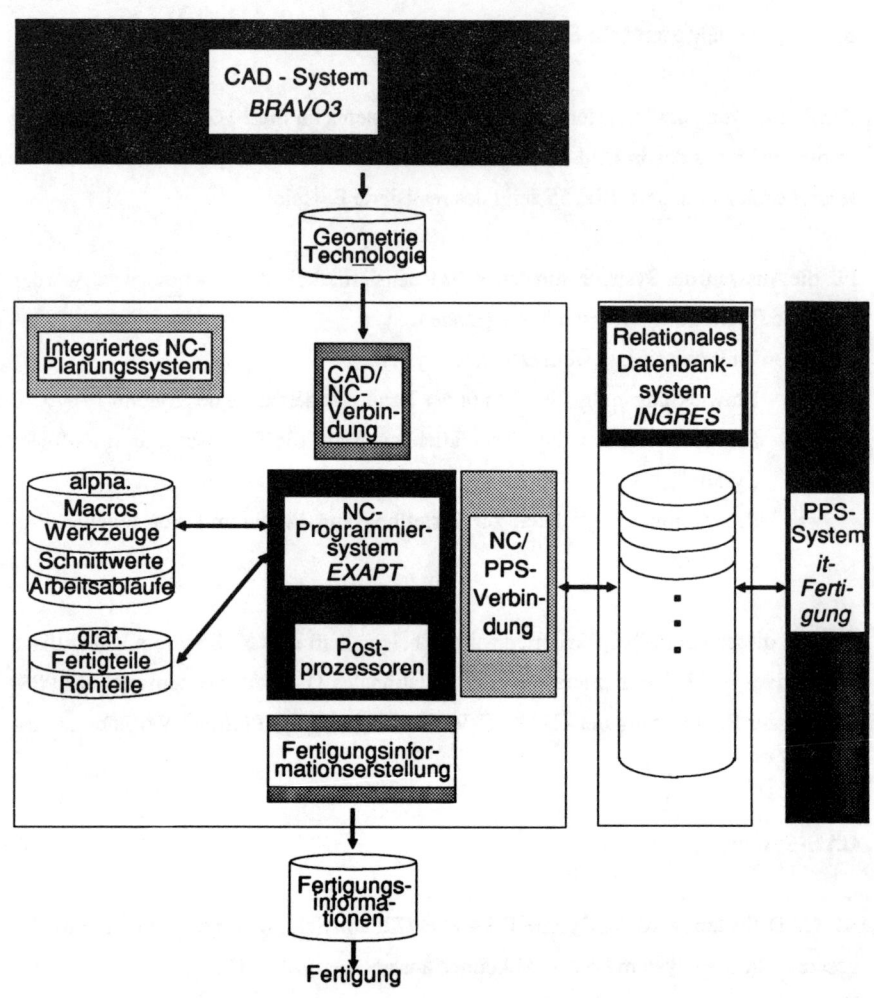

Bild 55: Struktur des beispielhaft realisierten integrierten NC-Planungssystems

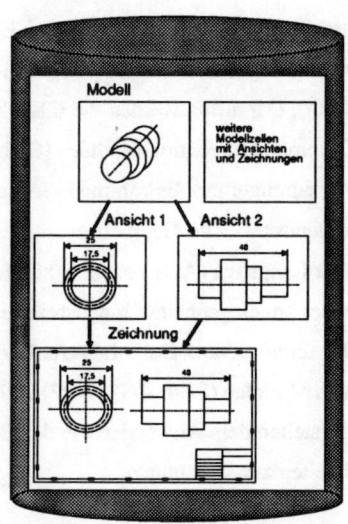

Bild 56: Zellstruktur einer BRAVO3 Grafikdatenbank

Die "grafische Datenbank" ist im System BRAVO3 in Zellen unterschiedlichen Typs unterteilt (Bild 56). Zellen zur Geometrieerstellung sind dreidimensionale Modellzellen ("Model"). In diesen Modellzellen wird die Konstruktion durchgeführt, also das mentale Objekt des Konstrukteurs in Form von Geometrie dargestellt. Die beiden übrigen Zellentypen dienen dagegen der Zeichnungserstellung. Die Viewzelle ("View") ist eine zweidimensionale Ansicht eines Modells. In der Viewzelle werden Ausschnitte der Geometrie dargestellt und bemaßt. Die Drawingzelle ("Drawing") erhält ein standardisiertes Zeichnungs-Layout. In diese Drawingzelle können Viewzellen unter Angabe eines Skalierungsfaktors plaziert werden.

Von Bedeutung sind auch die Möglichkeiten der Systementwicklung in BRAVO3. Bild 57 zeigt die Entwicklungsumgebung des Systems. Den äußersten Rahmen stellt das Laufzeitsystem von BRAVO3 (CIS) dar. Es beinhaltet die Ein-/Ausgabesteuerung (Tablett, Tastatur, Bildschirmanzeige) und Aufrufe an das Menue. Der Command Definition Block (CDB) ist die Schnittstelle zwischen CAD-System und Benutzer. Er enthält in der

Kommandosprache CDL programmierte Prozeduren, die zur Laufzeit das Menue bilden. Die CDB's fordern die Benutzereingaben an und übertragen sie in einen global definierten Parameterbereich (PPDEF). Daraufhin werden die CXM's aktiviert. Im Gegensatz zum CDB werden in den Command Execution Modules (CXM) die eigentlichen Funktionen der Datenverarbeitung durchgeführt. Es kommen verschiedene Programmiersprachen und -pakete zur Anwendung. Zur Geometrieverarbeitung wird die auf PL/I basierende Applicon Graphik Language (AGL) eingesetzt. Für Anwendungen, die teilweise über rein geometrische Angelegenheiten hinausreichen, sind im Applicon Programming Package (APP) unmittelbare Datenbankfunktionen enthalten. Mit der Anwendungsmöglichkeit von Modulen (PL/I, AGL, APP) und mit der Kenntnis der Datenstrukturen von BRAVO3 stehen dem Anwender wie den Systementwicklern identische Entwicklungsmöglichkeiten zur Verfügung.

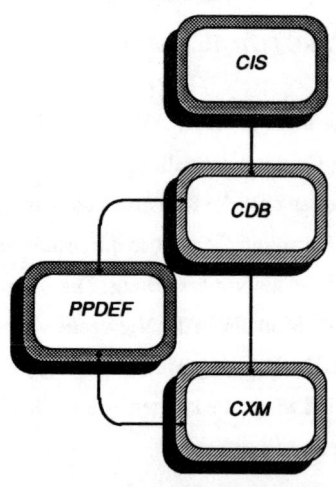

CIS   Command Input Subsystem
CDB   Command Definition Block
CXM   Command Execution Module
PPDEF Parameter Passing Definition Area

Bild 57: Entwicklungsumgebung des CAD-Systems BRAVO3

126

NC-Programmiersystem

Als grafisch interaktives NC-Programmiersystem wird das System CADCPL /09, 10/ der Firma Exapt Systemtechnik GmbH eingesetzt. Das System CADCPL dient zur Erstellung von NC-Steuerinformationen in Kombination mit dem einheitlichen NC-Programmiersystem EXAPT für alle Fertigungsverfahren. Das Programmiersystem EXAPT (Extended Subset of APT) ermöglicht umfangreiche technologische Ermittlungen /08/. Bild 58 zeigt die Struktur des modular aufgebauten Systems.

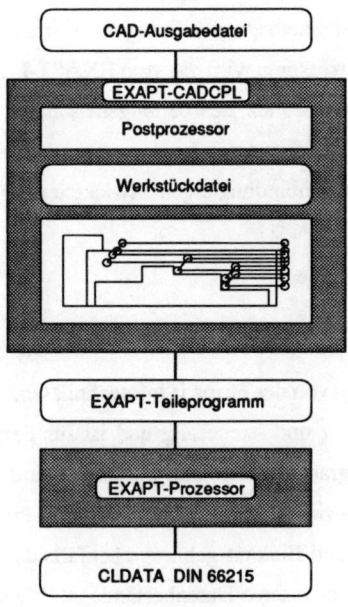

Bild 58: Struktur des Programmiersystems EXAPT

Unter Verwendung des Systems CADCPL wird die Werkstückgeometrie erzeugt oder die vom CAD-System übertragene Geometrie aufbereitet. Anschließend wird mit grafisch interaktiven Hilfsmitteln die Bearbeitungstechnologie sowie der Bearbeitungsablauf geplant. Dem Anwender stehen hierfür Standardmodule oder aber Hilfsmittel wie

127

eigens erstellte Macros (Unterprogramme), frei definierbare Bildschirmmasken, Dialogtexte und Tablettmenues zur Verfügung. Auf diese Weise kann das System auf anwenderspezifische Bedürfnisse angepaßt und in ein gesamtes CIM-Konzept integriert werden. Ergebnis des Systems CADCPL ist ein EXAPT-Teileprogramm, welches durch Editieren noch modifizierbar ist. Die Weiterverarbeitung übernimmt der EXAPT-Prozessor. Dieser greift auf vom Anwender modifizierbare Technologie- und Betriebsmitteldateien zurück. Dadurch besteht die Möglichkeit, das System an die unternehmenspezifischen, technologischen Anforderungen anzupassen /65/. Auch für die CAD/NC-Verfahrenskette /vgl. 70/ ergeben sich hier Vorteile, da beispielsweise der Arbeitsablauf für im CAD-System erstellte Fertigungselemente mit Hilfe dieser Dateien definierbar ist. Mit Postprozessoren wird das vom EXAPT-Prozessor erzeugte normierte CLDATA an die entsprechenden Bearbeitungsmaschinen angepaßt. Die einzelnen Module des Programmiersystems werden durch, vom Anwender veränderbare Kommandoprozeduren, die auch die Einbindung eigenentwickelter Programme erlauben, aufgerufen.

PPS-System

Das Programm it-Fertigung von der Firma it-infotechnik GmbH /73/ unterstützt Aufgaben der Produktionsplanung und -steuerung und ist für Fertigungsunternehmen entwickelt worden. Das Programm unterstützt insbesondere die Bereiche Planung und Steuerung der Produktion sowie Disposition von Material. Programme für die Bereiche Vertrieb, Lagerwirtschaft und Einkauf gehören ebenfalls dazu. Die einzelnen Module des Systems greifen auf gemeinsame Datenbestände zu. Für die Verbindung zu einem NC-Programmiersystem ist entscheidend, daß mit Hilfe dieses Systems den Fertigungsartikeln zugeordnete Arbeitspläne bearbeitet werden können. Die Arbeitsgänge können entweder direkt eingegeben oder von einem anderen System einkopiert werden. Da das PPS-System zwar ein modulares, aber dennoch ein in sich konsistentes, geschlossenes System darstellt, sind anwendereigene Funktionen oder Erweiterungen der PPS-Datenstruktur nur sehr schwer möglich. Das Lesen und Schreiben in die Felder der PPS-Datenstruktur wird durch FORTRAN-Prozeduren ("Callable interface") unterstützt. Dadurch können die Dateien des PPS-Systems von einem Programm (z.B. PPS-Interface) geöffnet und der Datentransfer vollzogen werden. Der Aufruf eines Transferprogrammes kann als "executable image" aus der Benutzeroberfläche des PPS-Systems erfolgen. Im Fall der PPS/NC-Verbindung werden die zur Auftragsdurchführung erforderlichen Daten (Artikeldaten, Arbeitspläne) aus der PPS-Datenstruktur in das Datenbanksystem eingetragen. Sie können dort modifiziert und ergänzt werden.

Datenbanksystem

Das relationale und verteilte Datenbanksystem INGRES /74/ ist ein Produkt der Firma Relational Technology Inc. Es ist eine Besonderheit des database management system (DBMS) INGRES, daß es unter den verschiedensten Betriebssystemen, vom Großrechner bis zum Personalcomputer, betrieben werden kann. Der Begriff "verteiltes Datenbanksystem" bedeutet in diesem Zusammenhang, daß mehrere lokale Datenbanken zu einer logischen Datenbank zusammengebunden werden können. Für den Einsatz als Integrationskomponente ist es wichtig, daß INGRES nicht nur ein Datenbanksystem ist, sondern ebenfalls über eine Anwendungsumgebung verfügt, in der Standardfunktionen wie Ausgabegrafik und Suchfunktionen ermöglicht werden. Mit Hilfe der programmierbaren Umgebung der Datenbank können auch anwendungsspezifische Applikationen geschaffen werden, in die Programme verschiedener Hochsprachen (FORTRAN, PASCAL etc.) integriert werden können. Bei der Realisierung der PPS/NC-Verbindung wurden die gesamte Benutzerführung sowie die Ein- und Ausgabemasken in der programmierbaren Umgebung erstellt.

6.2   CAD/NC-Verbindung

6.2.1   Datenstruktur des CAD-Systems

Die softwaretechnische Realisierung wurde in der Entwicklungsumgebung des CAD-Systems (Bild 57) durchgeführt. Zur Entwicklung der CAD/NC-Verbindung ist eine genaue Kenntnis der Datenstruktur des jeweiligen CAD-Systems notwendig. Den Zugriff auf die Datenstruktur des CAD-Systems BRAVO3 übernehmen die Programme der CXM-Ebene. Durch den Aufbau ergaben sich Vorteile bei der Realisierung der CAD/NC-Verbindung. Die Informationen in der Datenbank sind in Form von Komponenten (Components) abgelegt.

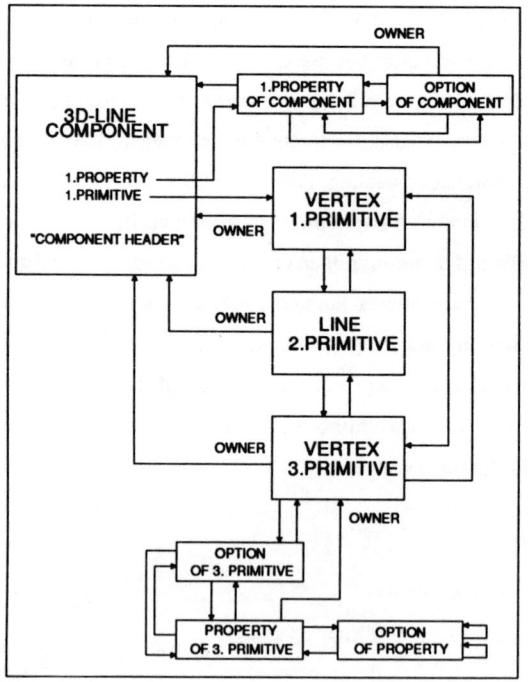

Bild 59: Datenstruktur einer Linie im CAD-System BRAVO3

130

Unter Komponenten sind in diesem Fall Geometrieelemente, Text und Darstellungsinformation zu verstehen. Die Komponenten wiederum setzen sich aus Primitives und Properties zusammen. Primitives sind in der BRAVO3 Datenstruktur die geometrischen Grundelemente wie z.B. Linie, deren Endpunkte (Vertex) und Kreise. Properties sind Attribute wie z.B. Text und Darstellungsart. Properties können sich auf Components oder Primitives beziehen.

Am Beispiel der Linie (Bild 59) sei dieser Zusammenhang erklärt. Die Component "Linie" besteht aus drei Primitives, dem Anfangspunkt, dem Liniensegment und dem Endpunkt. Das Property, welches der Component "Linie" zugeordnet ist, kann beispielsweise zugeordneter Text sein. Den Components, Primitives und Properties können noch Options, welche die Darstellung beschreiben, zugeordnet sein.

Intern werden diese Grundelemente als Struktur verwaltet. Auf diese Strukturen kann mit den Programmen der CXM-Ebene zugegriffen werden. Es können die Informationen nur gelesen oder aber auch verändert werden. Durch die Properties war die Möglichkeit gegeben, den geometrischen Elementen alle Informationen (z.B. Oberflächengüten, Passung, Bearbeitungshinweise) zuzuordnen, welche auch übertragen werden können.

6.2.2 Konturaufbereitung für rotationssymmetrische Werkstücke

Der implementierte Aufbereitungsalgorithmus kann folgende rotationssymmetrische Werkstücke verarbeiten (Bild 60):
- Rotationssymmetrische Werkstücke ohne Innenkontur,
- Rotationssymmetrische Werkstücke mit (einseitiger) Innenkontur,
- Rotationssymmetrische Werkstücke mit durchgehender Innenkontur.

131

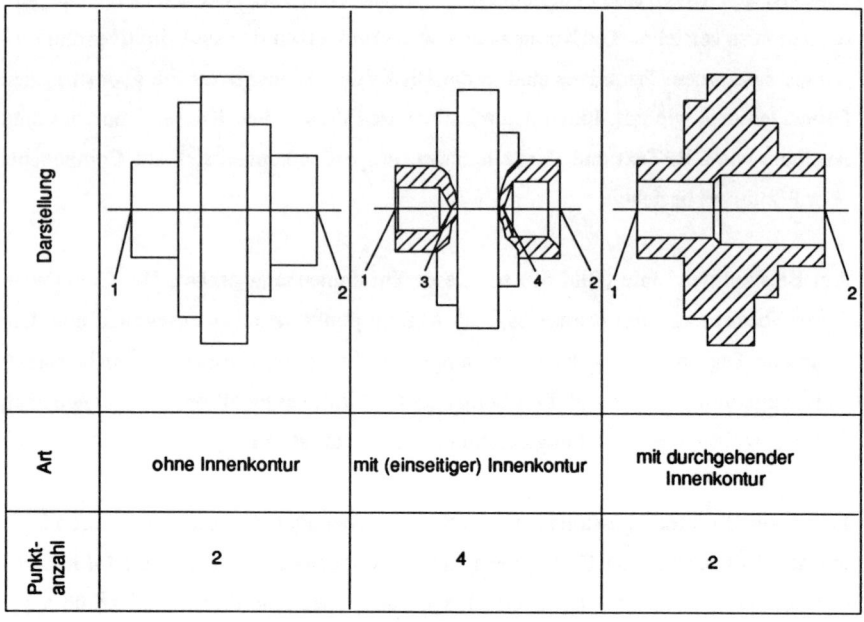

Darstellung			
Art	ohne Innenkontur	mit (einseitiger) Innenkontur	mit durchgehender Innenkontur
Punkt-anzahl	2	4	2

Bild 60: Rotationssymmetrische Werkstücke

Vor der Ausführung der Anwendung müssen die Datenbank und die Zelle geöffnet sein, in denen sich das Werkstück, welches aufbereitet werden soll, befindet. Die Benutzer-oberfläche des CAD-Systems BRAVO3 enthält einen Menuepunkt (USER), der den Aufruf von eigenentwickelten Anwendungen erlaubt. Bei Auswahl des Menuepunktes wird die Prozedur USER CDL (Bild 61) aufgerufen. Hier erfolgt die Abfrage, welche Anwendungen ausgeführt werden sollen. Durch Auswahl des Menuepunktes Konturauf-bereitung wird in den Teil der Programmstruktur (Bild 61), der zur Erstellung von NC-Konturen implementiert wurde, gesprungen. Die einzelnen Prozeduren werden im folgenden kurz beschrieben.

132

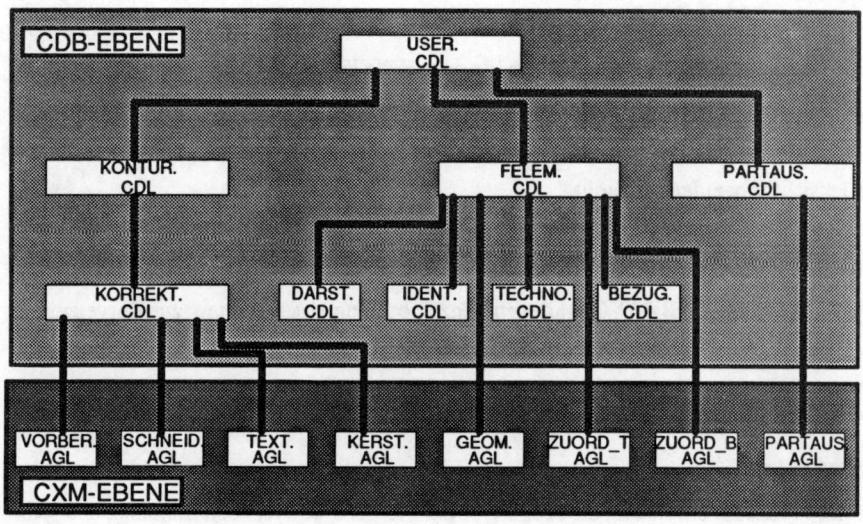

Bild 61: Programmstruktur im CAD-System BRAVO3

KONTUR.CDL

In dieser Prozedur erfolgt die Abfrage über die Art des vorliegenden Werkstückes (Bild 60). In Abhängigkeit von der angegebenen Art müssen maximal 4 Punkte eingegeben werden. Es ist jeweils der linke und rechte Schnittpunkt der äußersten Konturlinie mit der Rotationsachse anzugeben. Liegt keine durchgehende Innenkontur vor, müssen zusätzlich die Endpunkte der Innenkontur auf der Rotationsachse angegeben werden.

KORREKT.CDL

Sind bei der Eingabe der Punkte Fehler unterlaufen, so können diese hier korrigiert werden. Sind die Eingaben in Ordnung, erfolgt der weitere Ablauf in der CXM-Ebene.

133

VORBER.AGL

Es ist nicht das Ziel der Konturaufbereitung, die bestehende, von der Konstruktion erstellte Geometrie zu verändern. Aus diesem Grund wird eine neue Zelle generiert und die Geometrie der Ursprungszelle in die neue Zelle kopiert. Für den Algorithmus spielt es keine Rolle, ob eine Modellzelle oder eine Viewzelle geöffnet ist. Nach dem Kopieren werden Elemente, die auf Ebenen (Levels) liegen, die vom Algorithmus nicht berücksichtigt werden, gelöscht.

SCHNEID.AGL

Im CAD-System BRAVO3 können einzelne Geometrieelemente zu Kurvenzügen (Curve) verbunden werden. Für die Verarbeitung im Algorithmus ist eine Aufteilung in Einzelkomponenten erforderlich.

TEXT.AGL

Diese Prozedur untersucht die Propertystrukturen der verbleibenden Elemente und speichert eventuell gefundene Informationen in einer Datei ab. So geht die Information (Sichtkanten mit Konturanteil, Bild 34, Nummer 3) nicht verloren und kann bei der nachfolgenden Konturerstellung wieder zugeordnet werden.

KERST.AGL

Mit diesem Programm wird gemäß dem in Bild 42 dargestellten Algorithmus die Kontur erstellt. In dieses Programm ist ebenfalls der NGTDV-Preprozessor integriert, welcher die erstellte Kontur in einer Datei abspeichert.

CAD-seitig sind somit die Vorbereitungen für den Datentransfer in das System CADCPL getroffen. Zur Verarbeitung im CADCPL wird die Datei im NGTDV-Format in das von EXAPT definierte CPLNDI-Format /75/ umgewandelt. Das CPLNDI-Format wurde von EXAPT entwickelt, um die Schwächen der Standardschnittstellen (siehe Kapitel 3.3) zu umgehen. Das CPLNDI-Format enthält nur die Informationen, welche für die Programmierung im CADCPL erforderlich sind. Eine direkte Umwandlung in die Datenstruktur

134

des CADCPL war nicht möglich, da hierfür keine programmtechnischen Möglichkeiten zur Verfügung standen. Die Konvertierung vom NGTDV-Format in das CPLNDI-Format wird mit dem in der Programmiersprache PASCAL erstellten NGTDV-Postprozessor durchgeführt. Der von EXAPT entwickelte CPLNDI-Postprozessor nimmt die Umwandlung in die interne Datenstruktur des CADCPL vor.

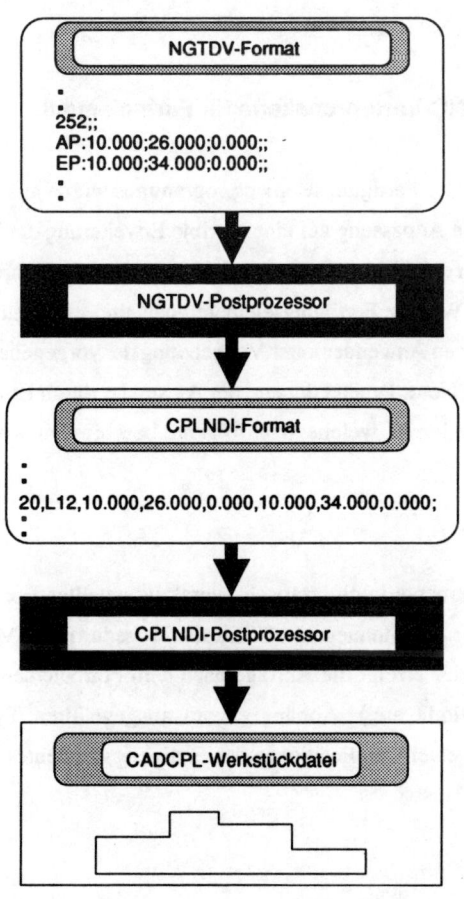

Bild 62: Verarbeitung des NGTDV-Formates im EXAPT-System

Die Aktivierung des Datentransfers vom NGTDV-Format in die interne Datenstruktur des CADCPL erfolgt in der Benutzeroberfläche des EXAPT-Systems. Die Anwendung des EXAPT-Systems wird auf Betriebssystemebene durch Anwendungsprozeduren (Benutzermenues) unterstützt. Die Benutzermenues erlauben spezifische Erweiterungen. Somit sind anwendungsspezifische Dateispezifikationen und das Starten von eigenentwickelten Programmen möglich. Zur Konvertierung sind vom Anwender die Ursprungsdatei und die Zieldatei anzugeben. Anschließend erfolgt die Konvertierung in den im Bild 62 dargestellten Schritten.

6.2.3   CAD/NC-Verfahrenskette für Formelemente

Bei der Konzeption des Fertigungselementprogrammes wurde aus Gründen der unternehmensspezifischen Anpassung auf eine flexible Erweiterung der Fertigungselementtypen geachtet. In der derzeitigen Ausbaustufe können einfache Bohrungen und Gewinde verarbeitet werden. Weitere Fertigungselementtypen sind teilespektrumsabhängig und müssen vom jeweiligen Anwender unter Verwendung der vorgegebenen Systematik implementiert werden. Neue Typen können vom Anwender durch Erweiterung der bestehenden CAD-Prozeduren, welche nachfolgend beschrieben werden, hinzugefügt werden.

FELEM.CDL

Sollen Fertigungselemente in ein grafisch interaktiv erstelltes Werkstück eingebracht werden, so wird über den Menuepunkt USER die Prozedur FELEM (Bild 61) aufgerufen. In dieser Prozedur erfolgt die Abfrage nach dem Formelementtyp (Sacklochbohrung, Sacklochgewinde etc.). Abhängig vom ausgewählten Typ sind Parameter einzugeben und die jeweiligen Positionen des Fertigungselementes zu bestimmen.

DARST.CDL

Mit dieser Prozedur wird die Darstellung des Formelements gesteuert. Abhängig von der jeweiligen Ansicht (Draufsicht, Seitenansicht, Drahtmodell etc.) ist eine Darstellungsform zu wählen.

IDENT.CDL

Bei identischen Fertigungselementen müssen die eingegebenen Parameter nicht wiederholt werden. Die zuletzt eingegebenen Parameter werden typenbezogen abgespeichert und können mit dieser Prozedur wieder aktiviert werden. Lediglich die Positionen der Elemente sind neu zu bestimmen.

TECHNO.CDL

Nach Darstellung des Elements kann entschieden werden, ob es gespeichert oder bei fehlerhafter Darstellung gelöscht werden soll. Vor der Speicherung des Elements können noch technische Zusatzangaben (Formtoleranzen, Lagetoleranzen, Oberflächengüten etc.) vergeben werden.

BEZUG.CDL

Form- und Lagetoleranzen erfordern meist die Angabe von Bezugselementen. Werden diese angewählt, so fordert diese Prozedur die Identifikation der Bezugselemente.

GEOM.AGL

Dieses Programm der CXM-Ebene übernimmt gemäß den Angaben zum Fertigungselementtyp und zur Darstellung die geometrische Darstellung auf dem Bildschirm und die Abspeicherung in der Datenstruktur.

ZUORD_T.AGL

Abhängig von den technischen Zusatzangaben (TECHNO.CDL) werden die Propertystrukturen der Fertigungselemente mit den entsprechenden codierten Informationen (siehe Kap. 5.3.3.2) gefüllt. Um die einzelnen Fertigungselementtypen und deren Lage innerhalb der jeweiligen Systeme besser unterscheiden zu können, wird die Element-technik (Layer) /vgl. 76/ benutzt. Das Programm ordnet identische Fertigungselemente auf identischen Referenztiefen (Z-Ebene) bestimmten Leveln zu. Die Level werden mit Hilfe des NGTDV-Formats übertragen. Gleiche Fertigungselemente können dadurch über die Ebenenbezeichnung angesprochen und effizienter lokalisiert werden.

ZUORD_B.AGL

Liegen Bezugselemente bei Form- und Lagetoleranzen vor, so wird die codierte Infor-mation in der Propertystruktur abgelegt.

PARTAUS.CDL, PARTAUS.AGL

Der NGTDV-Preprozessor wurde hier im Gegensatz zum Aufbereitungsalgorithmus nicht integriert. Bei prismatischen Werkstücken werden oftmals nur bestimmte Ansich-ten oder Teilbereiche übertragen. Die Auswahl des Bereichs soll dem Anwender über-lassen werden.

Mit Hilfe der beiden Programme PARTAUS.CDL und PARTAUS.AGL (Bild 61) können geometrische Elemente der gerade geöffneten Zelle im NGTDV-Format abge-speichert werden. Mit Unterstützung der CAD-Funktionen werden Einzelelemente oder Bereiche ausgewählt. Das Programm PARTAUS.AGL greift dann auf die Datenbank-struktur der ausgewählten Elemente zu und speichert sie inklusive eventueller techni-scher Informationen in einer Datei ab.

Die Verarbeitung der NGTDV-Datei auf EXAPT-Seite erfolgt wie bei der Konturauf-bereitung. Liegen Fertigungselemente vor, so ermittelt der Postprozessor in Abhängig-keit von der gewählten Ansicht die Darstellung und in Abhängigkeit von den vorliegenden technischen Angaben die fertigungstechnischen Aktionen für das EXAPT-System. Die im CAD-System erzeugten Fertigungselemente können durch das Techno-logiedateisystem, welches von EXAPT zur Verfügung gestellt wird, weiterverarbeitet werden. Mit Hilfe dieses Dateisystems können entsprechend den Fertigungselementen im CAD-System ebenfalls Elementgruppen gebildet und diesen die entsprechenden Arbeitsabläufe, Werkzeuge, Werkzeugwege und Schnittwerte zugeordnet werden. Bild 63 zeigt die CAD/NC-Verfahrenskette am Beispiel einer Durchgangsbohrung.

Zur Erzeugung von Durchgangsbohrungen mit der geforderten Positionstoleranz sind im Fertigungselementprogramm die Daten einzugeben. Aufgrund der Angaben werden in der Propertystruktur der geometrischen Darstellung des Fertigungselementes die Information über den Bohrungstyp (502=Durchgangsbohrung), die entsprechenden Parameter und die Technologie abgelegt. Der NGTDV-Preprozessor erkennt das Vorliegen eines Fertigungselements und gibt die entsprechende Syntax im NGTDV-Format aus. Der NGTDV-Postprozessor interpretiert diese Angaben und bildet die entsprechenden Datensätze im EXAPT-seitigen CPLNDI-Format. Die technologischen Dateien enthalten die für den Fertigungselementtyp und die für die Technologie notwendigen Arbeitsgangfolgen.

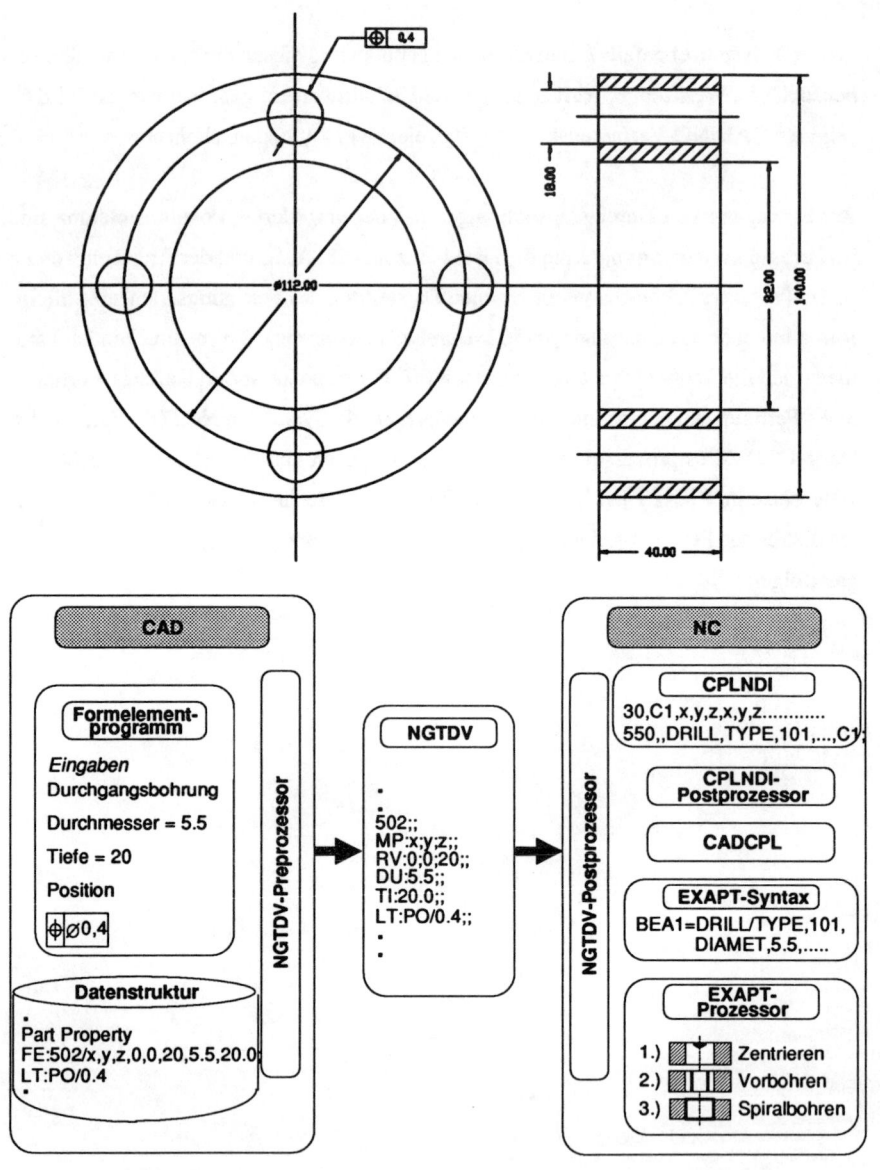

Bild 63: CAD/NC-Verfahrenskette für eine Durchgangsbohrung

6.3 PPS/NC-Verbindung

Die notwendigen Module für die PPS/NC-Verbindung wurden in der Programmiersprache QUEL (Query Language) des relationalen Datenbanksystems INGRES erstellt. Mit Hilfe dieser Programmiersprache können im Rahmen von Anwenderprogrammen sämtliche Datenbankfunktionen genutzt werden. Ein weiterer Vorteil von QUEL ist, daß sie in Verbindung mit höheren Programmiersprachen (ADA, PASCAL, FORTRAN etc.) genutzt werden kann. Anwenderprogramme in einer höheren Programmiersprache können dadurch QUEL-Statements enthalten. Zum Übersetzen des Programmes sind zwei Compiler notwendig, ein QUEL-Compiler (QUEL in die höhere Programmiersprache) und ein Compiler für die verwendete höhere Programmiersprache. Zur Realisierung der PPS/NC-Verbindung im Rahmen dieser Arbeit wurde als höhere Programmiersprache PASCAL verwendet. Das PPS-Interface wurde mit einem Programm (AUFTRAG_PPSNC), das NC-Interface mit zwei Programmen (AUFTRAG_EXA, PROG_FERT) realisiert (Bild 64).

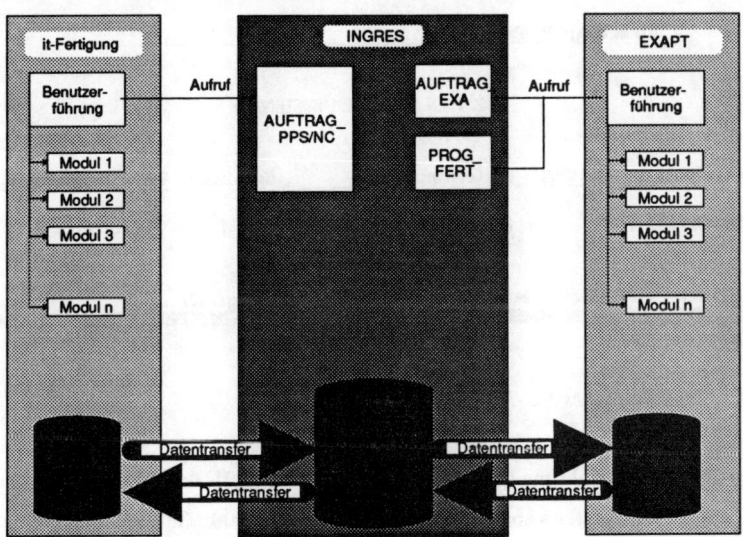

Bild 64: Programmstruktur der PPS/NC-Verbindung

Das PPS-Interface wird aus dem Topmenue des PPS-Systems aufgerufen. Der Benutzerdialog wird durch das Maskenmanagementsystem von INGRES unterstützt. Über Masken können die einzelnen Funktionen des PPS-Interface (siehe Kapitel 5.4.2) aufgerufen und die notwendigen Daten eingegeben werden. Beispielsweise müssen bei der Erstellung eines NC-Programmierauftrages das Programmiersystem und weitere Angaben, wie z.B. ein Richttermin, eingegeben werden (Bild 65).

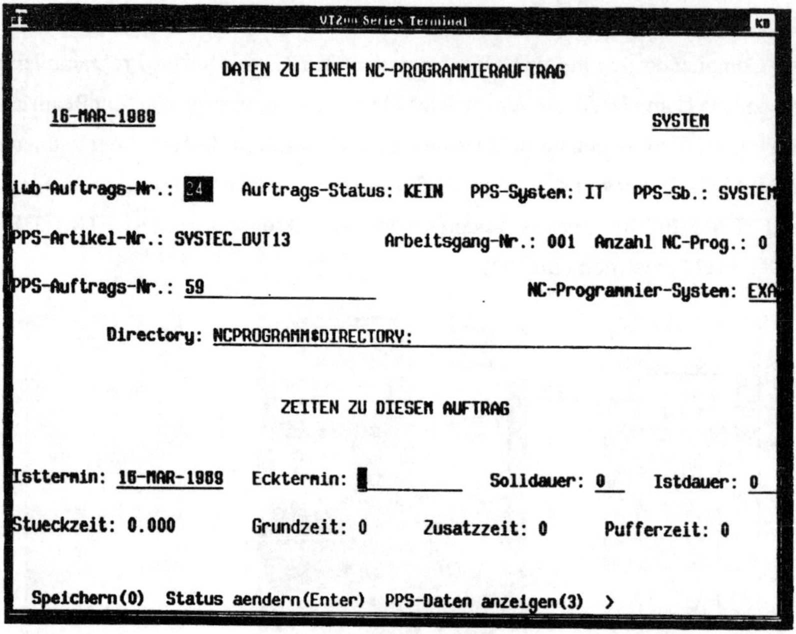

Bild 65: Erstellen eines NC-Programmierauftrages

Neben der Benutzerführung übernimmt das Modul ebenfalls das Öffnen der Datenbank sowie den Datentransfer vom PPS-System in die Datenbank. Bei Beenden der Anwendung erfolgt automatisch die Rückkehr in das Topmenue des PPS-Systems.

Die Module des NC-Interface werden ebenfalls aus der Benutzeroberfläche des EXAPT-Systems aufgerufen. Das Modul AUFTRAG_EXA stellt die Funktionen zur Auftragsauswahl zur Verfügung. In der Datenbank kann der derzeitige Auftragsbestand eingesehen werden (Bild 66).

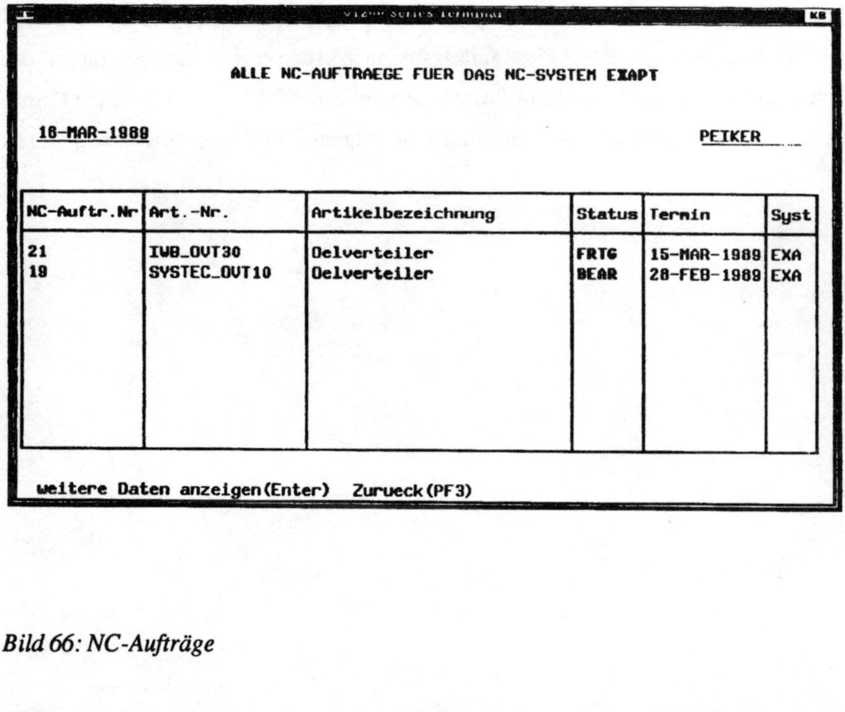

```
                    ALLE NC-AUFTRAEGE FUER DAS NC-SYSTEM EXAPT

  16-MAR-1989                                              PEIKER


 NC-Auftr.Nr │ Art.-Nr.    │ Artikelbezeichnung │ Status │ Termin      │ Syst

 21          │ IWB_OVT30   │ Oelverteiler       │ FRTG   │ 15-MAR-1989 │ EXA
 19          │ SYSTEC_OVT10│ Oelverteiler       │ BEAR   │ 28-FEB-1989 │ EXA




 weitere Daten anzeigen(Enter)    Zurueck(PF3)
```

Bild 66: NC-Aufträge

Maskengesteuert können weitere Informationen zu einem Auftrag (Arbeitsgang, Zeichnung etc.) angefordert werden. Bei Annahme eines Auftrags werden durch das Programm bestimmte Voreinstellungen im EXAPT-System (Programmnummer, Programmname etc.) vorgenommen und der Anwender kehrt in die EXAPT-Umgebung zurück.

143

Die weiteren Funktionen des NC-Interface können durch das Modul PROG_FERT an-gesprochen werden. In der derzeitigen Ausbaustufe können

- Einzelprogramme fertiggemeldet,
- neue Programmnummern angefordert und
- gesamte NC-Aufträge fertiggemeldet

werden.

Das Modul ermittelt die in das PPS-System zu übertragenden Daten (Maschine, Stück-zeit, Werkzeuge etc.) und legt diese auftragsbezogen in den entsprechenden "tables" der Datenbank ab. Nach Überprüfung dieser Daten mit dem PPS-Interface wird der Daten-transfer von der Datenbank in die jeweiligen Strukturen des PPS-Systems durchgeführt.

7. Mögliche Systemerweiterung

Die realisierte Ausbaustufe des integrierten NC-Planungssystems trägt bereits zur Reduzierung der Erstellungszeit für NC-Programme (Bild 12) bei. Die Entwicklung ist keineswegs abgeschlossen, und so kann der hier aufgezeigte Stand als Basis für weitere Entwicklungen genutzt werden.

Für weitere Entwicklungen bietet sich zunächst die Erweiterung des Konturaufbereitungsalgorithmus um eine Technologieinterpretation an. Technologische Informationen werden in zwei Gruppen eingeteilt:

- Geometrieerhaltende technologische Informationen (z.B. Oberflächengüte):
  Diese Angaben bewirken keine Bauteilveränderung und können direkt in das NC-Programmiersystem übertragen werden.

- Geometrieverändernde technologische Informationen (z.B. Passungen):
  Beispielsweise wird bei Vorliegen einer ISO-Toleranz das betroffene Geometrieelement, das vom Konstrukteur auf Nennmaß festgelegt wird, unter gleichzeitiger Anpassung der Nebenformelemente im Toleranzfeld ausgemittelt.

Die Modifikation der Fertigteilkontur gemäß den geometrieverändernden technischen Angaben wird heute vom Anwender vorgenommen. Durch die Möglichkeit, technische Informationen in den Propertystrukturen (siehe Kap. 6.2.1) abzulegen, und durch die Codierung von technischen Angaben (Bild 33) kann im CAD-System BRAVO3 eine vollständige Beschreibung des Bauteils sowohl in geometrischer als auch in technischer Hinsicht abgelegt werden. In einem ersten Schritt sind Automatismen zu entwickeln, welche dem Anwender die Zuordnung technischer Informationen zu den Geometrieelementen ohne Mehraufwand ermöglichen. Werden im CAD-System Variantenprogramme zur Erzeugung der Geometrie eingesetzt, so kann die Technologiezuordnung in diese Programme eingebunden werden. Bei normaler grafisch interaktiver Konstruktion wird die Technologie im Rahmen der Bemaßung (Toleranzen) oder mit Zusatzfunktionen (Oberflächenzeichen) bestimmt. Diese Funktionen gehören meist zum Standardlieferumfang der CAD-Software und ermöglichen nur eine Darstellung der Technologie. Eine Zuordnung zum jeweiligen Geometrieelement ist meist nicht gegeben.

In einem weiteren Schritt sind in der Entwicklungsumgebung des CAD-Systems geeignete Algorithmen zu entwickeln, welche aufgrund der geometrieverändernden technischen Angaben eine fertigungstechnisch orientierte Kontur bilden /vgl. 77/. Mit welchem Automatisierungsgrad dies erfolgen kann, vollautomatisch oder dialoggeführt, ist noch zu untersuchen.

Bei der CAD/NC-Verfahrenskette für Fertigungselemente geben die derzeit implementierten Formelemente die Struktur für weitere Implementierungen vor. Jedes Unternehmen, das sich für den Einsatz einer CAD/NC-Verfahrenskette entscheidet, muß in einer Analyse die Art und Häufigkeit der unterschiedlichen Fertigungselemente ermitteln. Sinnvollerweise werden weitere Elemente in Richtung abnehmender Häufigkeit implementiert.

Die weiteren Entwicklungsschritte lassen sich aus dem in Bild 24 dargestellten Gesamtkonzept ableiten. Zur Aufstellung der Prioritäten kann die in Bild 12 ermittelte Zeitverteilung herangezogen werden. Manche Entwicklungsschritte können erst dann sinnvoll realisiert werden, wenn entsprechende Voraussetzungen geschaffen sind. Beispielsweise ist die Integration eines Simulationssystems erst nach der Realisierung der Verbindung zum Betriebsmittelwesen sinnvoll. Struktur und Menge der Werkzeugdaten, wie sie vom NC-Programmiersystem benötigt werden, sind für ein Simulationssystem nur bedingt geeignet. Zukünftige Simulationssysteme basieren auf einer 3 D-Volumenmodelldarstellung /55, 58/. Dies bedeutet, daß von Werkzeugdaten einerseits alphanumerische Daten (für das Programmiersystem) und andererseits eine grafische 3 D-Drahtmodellbeschreibung (für die Simulation) vorliegen müssen. Werkzeugverwaltungssysteme müssen diese Anforderungen berücksichtigen oder in dieser Richtung erweiterbar sein.

8. Zusammenfassung

Für zukunftsorientierte Produktionssysteme ist ein geeigneter Informationsfluß mit Hilfe rechnerunterstützter Methoden aufzubauen, die eine Datenübertragung zwischen und eine wirksame Datenverarbeitung in den einzelnen Abteilungen erlauben. Zur Datenverarbeitung in den einzelnen Bereichen stehen CAD-, CAP-, PPS- und CAM-Systeme zur Verfügung. In einem weiteren Schritt müssen diese Einzelkomponenten miteinander verbunden werden. In der Regel werden durch das Verbinden von Einzelsystemen Automatisierungsinseln geschaffen. Ausgehend von diesen Automatisierungsinseln wird dann schrittweise ein umfassendes Konzept realisiert. Der Startpunkt sowie die Reihenfolge der sukzessiven Verbindung von Einzelsystemen ist abhängig von der Unternehmensstruktur und den jeweiligen Zielsetzungen. Für fertigungsorientierte Betriebe ist ein wichtiger Ausgangspunkt die NC-Programmierung (CAP), da diese eine Schlüsselstellung bei der Umsetzung von Geometrie- und Technologiedaten aus der Konstruktion in Fertigungsdaten hat.

Zur NC-Programmerstellung sind Programmiersysteme unterschiedlichster Leistungsfähigkeit verfügbar. Geometrie- und technologieorientierte Systeme und grafisch interaktive Systeme unterstützen je nach Automatisierungsstufe den Anwender bei seinen Tätigkeiten. Die informationstechnische und ablauforganisatorische Verbindung des NC-Programmiersystems mit den weiteren Teilsystemen führt zu einem integrierten NC-Planungssystem und trägt zur weiteren Rationalisierung bei der Auftragsdurchführung bei. Ein derartiges System ist heute nicht verfügbar. Ausgehend von einer Situationsanalyse, welche

- die Ablauforganisation bei der Programmerstellung,
- die Tätigkeiten zur Programmerstellung und
- den Informationsaustausch mit den tangierenden Bereichen

148

berücksichtigt, wurden die Anforderungen an ein integriertes NC-Planungssystem definiert. Bei der Konzeption und Realisierung von integrierten Systemen müssen ebenfalls die systemtechnischen Verbindungsmöglichkeiten berücksichtigt werden. Die einzelnen Kopplungsmöglichkeiten sowie die informationstechnischen Ebenen bei der ablauforganisatorischen Verbindung wurden aufgezeigt. Zum Austausch von produktdefinierenden Daten stehen Standardschnittstellen zur Verfügung. Die heute erreichte Leistungsfähigkeit und die weiteren Entwicklungsbestrebungen wurden untersucht und bei der Konzeption berücksichtigt.

Auf der Basis des Anforderungsprofils und der möglichen systemtechnischen Verbindungsmöglichkeiten wurde ein Gesamtkonzept für ein integriertes 2 1/2 D NC-Planungssystem erarbeitet. Kern des integrierten NC-Planungssystems ist ein grafisch interaktives, technologieorientiertes NC-Programmiersystem. Unter Berücksichtigung einer flexiblen Systemarchitektur wird es um Zusatzmodule und Schnittstellen erweitert, wodurch der Anwender Unterstützung bei seinen Aufgaben sowie der ablauforganisatorischen Abwicklung eines Auftrags bekommt.

Schwerpunkt dieser Arbeit war die Verbindung der NC-Programmierung mit dem Konstruktionsbereich (CAD) und dem Bereich der Produktionsplanung und -steuerung (PPS). Mit Hilfe einer Gegenüberstellung von alternativen CAD/NC-Verbindungsmöglichkeiten wurden Lösungswege untersucht. Da die heute verfügbaren Standardschnittstellen noch nicht die Anforderungen an eine CAD/NC-Verbindung erfüllen, wurde im Rahmen dieser Arbeit eine neue Verbindung entwickelt. Diese ermöglicht durch die Entwicklung von geeigneten Prozessoren die Kopplung der verschiedensten CAD- und NC-Systeme unter Berücksichtigung der verschiedenen Fertigungsverfahren (Drehen, Bohren, Fräsen). Neben Geometriedaten können auch Technologiedaten übertragen werden. Zusätzlich zum Datentransfer stehen Algorithmen zur Verfügung, welche die NC-gerechte Geometrieaufbereitung vornehmen.

Die PPS/NC-Verbindung, welche die Einbindung in die rechnerintegrierte Auftragsabwicklung ermöglicht, wurde unter Verwendung einer relationalen Datenbank in verschiedenen Ebenen konzipiert. Die unterste Ebene, die Datentransferebene, ermöglicht durch Datenkonvertierung den Datenaustausch zwischen den Systemen. In der Ablaufverwaltungsebene werden dem Anwender Funktionen zur Kontrolle und Koordinierung der Bewegung in der Datentransferebene zur Verfügung gestellt. Die oberste Ebene, die Aufgabenverwaltungsebene stellt Such- und Archivierungsfunktionen zur Verfügung und unterstützt bei der Termin- und Kostenüberwachung. Mit Hilfe dieser drei Schichten konnten sämtliche Funktionen im Rahmen einer Auftragsabwicklung zwischen dem PPS-System und einem NC-Programmiersystem ermöglicht werden. Durch die Verwendung einer relationalen Datenbank ist die Integration in die gesamte betriebliche Auftragsabwicklung möglich.

Die in dieser Arbeit beschriebene CAD/NC-Verbindung wurde pilotmäßig in einem Unternehmen installiert, wodurch die Praxistauglichkeit überprüft werden konnte /60/. Bereits durch die Nutzung der CAD/NC-Verbindung konnten entsprechende Reduzierungen des Aufwandes in der NC-Programmierung erreicht werden. Durch die Realisierung des gesamten Konzeptes des integrierten NC-Planungssystems kann für den NC-Programmierer ein Umfeld geschaffen werden, in dem er seine Aufgaben effizient durchführen kann und weitere Verbesserungen im gesamten Unternehmensbereich erreicht werden können /vgl. 78/. Ebenfalls wird ein System geschaffen, welches die Anforderungen an eine rechnerintegrierte Produktion erfüllt und in ein umfassendes CIM-Konzept integriert werden kann.

9. Literatur

/01/ Milberg, J.; Bürster, H.: Stand und Entwicklungstendenzen von CIM-Konzepten. VDI Ber. Nr. 611, Düsseldorf, VDI-Verlag 1986.

/02/ Milberg, J.: "Wettbewerbsvorteile durch Stärkung der Integration" in: Kolloquium Wettbewerbsvorteile durch Integration im Produktionsunternehmen. Technische Universität München, 24. - 25.03.1988, Seite 4 - 28, Springer Verlag, Berlin.

/03/ AWF: CIM-Begriffe, Definitionen, Funktionszuordnung. Empfehlung des Ausschusses für wirtschaftliche Fertigung, S. 1 - 12.

/04/ Herold, H.H.: Stand der CIM-Realisierung im internationalen Bereich. VDI - Berichte, Nr. 705, 1988, S. 283 - 312.

/05/ Lay, G.; Boffo, M.; Schneider, R.J.: Integration von rechnergestützter Konstruktion und NC-Programmierung. ZWF 82 (1987), Nr. 6, S. 325 - 332.

/06/ Eversheim, W.: Organisation in der Produktionstechnik. Band 3, Arbeitsvorbereitung, Düsseldorf, VDI-Verlag 1982.

/07/ Kief, H.B.: NC-Handbuch 85. NC-Handbuch-Verlag Michelstadt, 1985.

/08/ Spur,G.; Krause, F.-L.: CAD-Technik. Carl-Hanser-Verlag, München 1984.

/09/ Adamczyk, P.: Interaktive NC-Programmierung mit EXAPT. Industrie anzeiger, 1985, Nr. 18, S. 76 - 79.

/10/ N.N.: CADCPL. Firmenschrift EXAPT Systemtechnik GmbH, Peterstr. 17, 5100 Aachen.

/11/ Milberg, J.; Peiker, S.: Geometrie und technologieorientierte Verbindung von CAD-Systemen mit NC-Programmiersystemen. Werkstattstechnik 77 (1987) 10, S. 583 - 586.

/12/ Müller, C.: CAD/CAM databook, Jahrbuch 86 für Computer Technologie. Sprechsaal-Verlag, Coburg 1986.

/13/   N.N.: Marktübersicht CAD-Systeme. CAD/CAM Report Nr.7, 1985.

/14/   IFAO: NC-Programmiersysteme Marktübersicht. Institut für angewandte Organisationsforschung GmbH, Karlsruhe 1984.

/15/   N.N.: Marktbild NC-Programmiersysteme. fertigung, Februar 1989, Heft 2, S. 52 - 54.

/16/   Nezih, Ö.: NC-Programmiersysteme im Vergleich. REFA-Nachrichten, 1985, Nr. 5, S. 20 - 25.

/17/   N.N.: VDI-Richtlinien 2813: Bewertung von NC-Programmier-Systemen. VDI-Verlag, Düsseldorf, 1980.

/18/   Brand, H.; Rubensdörffer, H.; Felzmann, R.; Glatz, R.: Qualitätsbeurteilung von CAD/CAM-Systemen, Testhandbuch Band 1, Technische Nutzwertanalyse. SCS Scientific Control Systems GmbH, Hamburg, 1983.

/19/   Zangenmeister, C.: Nutzwertanalyse in der Systemtechnik. Wittemansche Buchhandlung, München 1976.

/20/   Kurth, J.: Nutzwertanalyse als Entscheidungshilfe bei der Auswahl von NC-Programmiersystemen. ZwF 67 (1972), Nr. 10, S. 509 - 517.

/21/   Granow, R.; Hesselmann, U.; Weller H.: Feinanalyse zur Auswahl des Anbieters von NC-Programmier- und DNC-Systemen. ZwF 78 (1983), Nr. 3, S. 134 - 136.

/22/   Salib, N.: Rechnergestütztes Auswahlverfahren als Entscheidungshilfe für den Einsatz von NC-Steuerungen und Programmiersystemen. Industrie anzeiger, Nr.69, 1986, S. 30 - 31.

/23/   Eversheim, W.: Organisation in der Produktionstechnik. Band 1, Grundlagen, VDI-Verlag, Düsseldorf 1982.

/24/   Minolla, W.: Rationalisieren in der Arbeitsplanung - Schwerpunkt Organisation. Dissertation. TH Aachen, Aachen 1975.

152

/25/ Hellwig, H.-E.; Hellwig, U.; Paulus, M.: Die Kopplung und die Integration von CAD und CAM. Teil 3: CAD/NC-Kopplung, VDI-Z 127, 1985, S. 28 - 32.

/26/ Grabowski, H.; Anderl, R.; Glatz, R.: CAD/CAM-Schnittstellenproblematik für den Anwender. wt - Z. ind. Fertigung 76 (1986), Nr. 4, S. 212 - 218.

/27/ Gengenbach, U.; Mittelstaedt, M.: CAD-Schnittstellen - Stand und Entwicklungstendenzen. VDI-Berichte, Nr. 700.3, 1988, S. 169 - 181.

/28/ Grabowski, H.; Glatz, R.: Schnittstellen zum Austausch produktdefinierender Daten. VDI-Z 128, 1986, S: 333 - 343.

/29/ Linke, J.: Ingenieurdatenbank für die Unterstützung von Entwicklung und Konstruktion. ZWF 82 (1987), Nr. 11, S. 632 - 636.

/30/ Lutz, P.: Leitsysteme für die rechnerintegrierte Auftragsabwicklung. Dissertation TU München, Februar 1988, Springer Verlag Berlin.

/31/ Hackstein, R.: Produktionsplanung und -steuerung (PPS). VDI-Verlag GmbH, Düsseldorf, 1984.

/32/ Schuster, R.; Trippner, D.; Glatz, R.: Was geschieht bei der Schnittstellennormung. CAD/CAM 1985, Nr. 1, S. 40 - 45.

/33/ Bey, I.; Leuridan, J.: Europäische Vorhaben zur Definition von CAD-Schnittstellen. ZwF 81 (1986), Nr. 1, S. 38 - 42.

/34/ Tönshoff, H.K.: Forderung der Fertigung an die rechnerintegrierte Konstruktionstechnik. Produktionstechnisches Kolloquium Berlin 1986, Fraunhofer-Institut für Produktionsanlagen und Konstruktionstechnik (IPK), Berlin.

/35/ N.N.: Initial Graphics Exchange Specification (IGES), Version 2.0. National Bureau of Standards, Februar 1983.

/36/ Smith, B.M.: IGES: A key to CAD/CAM Systems Integration. IEEE CG&A, 1983, Nr.11, S. 78 - 83.

/37/ Liewald, M.H.: Entwicklung und Test von IGES-Schnittstellen. CAMP, Berlin, 1983.

/38/   Weissflog, U.: Erfahrungen mit Konstruktion und Implementierung eines IGES-Übersetzers. CAMP, Berlin, 1983.

/39/   N.N.: SET Standard d'Echange et de Transfert. Specification Rev. 1.1, Aerospatiale, März 1984.

/40/   VDA/VDMA: VAD-Flächenschnittstelle (VADFS). Version 1.0, Verband der Automobilindustrie, Juli 1983.

/41/   Ferrero, C.; Schwarz, W.: Bemerkungen zur Realisierung von VDAFS-Prozessoren. ZwF 84 (1989), Nr. 3, S. 155 - 157.

/42/   Milberg, J.; Koepfer,T.: Rüstzeituntersuchung in der Einzelteil- und Kleinserienfertigung. Unveröffentlichter Bericht aus dem Institut für Werkzeugmaschinen und Betriebswissenschaften, TU München, April 1989.

/43/   Schuster, R.; Trippner, D.: Erfahrung beim CAD/CAM Datentransfer mit der IGES-Schnittstelle. CAD/CAM, 4/85, S. 58 -62.

/44/   Pritschow, G.: Integrationskonzepte für rechnerunterstützte Produktionsstrukturen. Produktionstechnisches Kolloquium Berlin 1986, Fraunhofer-Institut für Produktionsanlagen und Konstruktionstechnik (IPK), Berlin.

/45/   Monz, J.; Hohwieler, E.: Ein neues werkstattorientiertes Programmierverfahren. wt Werkstattstechnik 77 (1987), Nr. 10, S. 575 - 581.

/46/   Eversheim, W.; Esch, H.: Automated Generation of Process Plans for Prismatic Parts. Annals of CIRP, Vol. 32/1/1983.

/47/   Knappe H.-J.: Technologische Daten automatisch ermittelt. Industrie anzeiger, Nr. 10, 1986, S. 62 - 65.

/48/   Thoß, J.; Gier, O.: CAD/NC-Kopplung. ZwF 81 (1986), Nr. 11, S. 606 - 610.

/49/   Reinauer, G.: Praktische Erfahrungen beim Einsatz von CAD-CAM Kopplungen. ZwF 79 (1984), Nr. 5, S. 201 - 205.

154

/50/ Schuster, R.; Trippner, D.: Anforderungen an eine Schnittstelle zur Übertragung produktdefinierender Daten zwischen verschiedenen CAD/CAM-Systemen. Informatik-Fachbericht 89, Fachgespräche auf der 14. GI - Jahrestagung, S. 242 - 258.

/51/ Weck, M.; Goedecke, G.; Reinermann, C.; Friedrich, A.: Lösungen für den Informationsfluß in CIM-Systemen und deren Grenzen. ZwF 82 (1987), Nr. 4, S. 183 - 189.

/52/ Geitner U.W.: Schnittstelleninhalte bei der rechnerintegrierten Fertigung. CIM MANGEMENT, 1987, Nr. 3, S. 73 - 77.

/53/ Nedeß, Chr.; Landvogt, F.-B.; Puelo, S.: Rechnerunterstützte integrierte Auftragsabwicklung. VDI-Z 130, 1988, S. 40 - 44.

/54/ Zeppelin von, W.: Rechnergestützte NC-Programmierung und Betriebsorganisation. ZwF 80 (1985), Nr. 8, S. 336 - 341.

/55/ Milberg, J.; Schrüfer, N.: Grafische 3D-Simulation der NC-Bearbeitung. wt Werkstattstechnik 78 (1988), Nr. 5, S. 305 - 309.

/56/ Hammer, H.; Potthast, A.: Grafisch-dynamische Simulation für die Bohr- und Fräsbearbeitung. ZwF 80 (1985), Nr. 9.

/57/ Spur, G.; Potthast, A.: Graphisches Simulationssystem für die NC-Drehbearbeitung. ZwF 77 (1982), Nr. 8, S. 387 - 390.

/58/ Peiker, S.; Schrüfer, N.: CAD/CAM und CIM in der Metallbearbeitung. tz für Metallbearbeitung, 82. Jahrg, 1988, Nr.6, S. 17 - 27.

/59/ Hellwig, H.-E.; Hellwig, U.; Johann, U.: Die Integration von CAD und CAM. Teil 4: Die Integration von NC-Funktionen in CAD-Systeme. VDI-Z 130 (1988), Nr. 5, S. 22 - 25.

/60/ Spur, G.; Krause, F.-L.; Pistorius, E.: Integration von Konstruktions- und Arbeitsplanungsaufgaben mit CAD-Systemen. VDI-Berichte, Nr. 492, 1983, S. 59 - 78.

/61/ Opferkuch, R.: Durchgängige Nutzung von Geometrie- und Technologie-Informationen. VDI-Berichte, Nr. 705, 1988, S. 135 - 160.

155

/62/   Grabowski, H.; Glatz, R.: Werkzeuge zum Test und zur Verifikation system-
         neutraler Produktdefinitionsdaten. Informatik - Fachbericht 89, Fachgespräche
         auf der 14. GI-Jahrestagung, S. 214 - 227.

/63/   Opferkuch, R.; Peiker, S.: Auswahl und Ausbau eines NC-Programmiersystems
         unter besonderer Berücksichtigung der CAD/CAM-Verbindung. wt Werkstatts-
         technik 78 (1988), Nr.2, S. 101 - 105.

/64/   Hopp, P.: Beitrag zur Optimierung des Werkzeugeinsatzes im flexiblen Ferti-
         gungssystem zur Bearbeitung von prismatischen Werkstücken. Dissertation
         Universität Stuttgart, September 1982, Technischer Verlag Günter Grossmann,
         Stuttgart-Vaihingen.

/65/   Kuklik, H.: Automatische Technologieplanung. tz für Metallbearbeitung, 79.
         Jahrg., 1985, Nr. 5, S. 36 - 39.

/66/   N.N.: Schrittweiser CIM-Einstieg. Automobil Produktion, 1986, Nr. 12, S. 109
         - 112.

/67/   Warnecke, G.; Mertens, P.: CAD/CAM-Kopplung unter Einbeziehung der
         Technologieplanung. VDI-Z 129 (1987), Nr. 5, S. 48 - 51.

/68/   Prack, K.-W.: Systemkonzept zur standardisierten rechnerunterstützten Arbeits-
         planung. Fortschritt-Berichte VDI, Reihe 2: Betriebstechnik, Nr.100, VDI-
         Verlag Düsseldorf.

/69/   Yaramanoglu, N.; Vosgerau, F.H.: Anwendungen von technischen Regeln auf
         Formelemente zur Produktmodellierung. VDI-Berichte, Nr. 700.3, 1988, S. 131
         - 146.

/70/   Gausemeier, J.: Von CAD zu CIM. ZwF 81 (1986), Nr. 9, S. 467 - 472.

/71/   Bongards, J.; Baierl, S.: Verbunden. Maschinenmarkt 95 (1989), Nr. 7, S.34 -
         39.

/72/   N.N.: Firmenschrift Applicon Deutschland GmbH, Hahnstr. 70, 6000 Frank-
         furt/Main 71.

/73/   N.N.: Benutzerhandbuch it-fertigung. it-infotechnik GmbH, Leonrodstr. 68, 8000 München 19.

/74/   Date, C.J.: A Guide to INGRES. Addison-Wesley Publishing Company, Reading, Massachusetts.

/75/   N.N.: CADCPL Neutrale Datenschnittstelle CPLNDI. Firmenschrift EXAPT Systemtechnik GmbH, Peterstr. 17, 5100 Aachen.

/76/   Pham, T.T.: Erfahrungen mit CAD und der NC-Kopplung. ZwF 77 (1982), Nr.10, S. 453 - 464.

/77/   Reinauer, G.: Technische und Organisatorische Probleme der Integration von CIM-System-Komponenten. ZwF 82 (1987), Nr. 1, S. 22 - 25.

/78/   Baumgartner, H.; Zwinge G.: Einführung eines integrierten CAD/NC-Systems in einem Maschinenbauunternehmen. ZwF 84 (1989), Nr. 3, S. CA12 - CA18.

157

10. Anhang

A   Die einzelnen Datenfelder und ihre Bedeutung

Auf den folgenden Seiten sind die Datenfelder der PPS/CAP-Kopplung nach Tables geordnet aufgelistet. Die Beschreibung der Felder enthält die Angabe des Variablennamens, des Datentyps sowie eine kurze Erläuterung der Verwendung.

Tables

- NCAUFRAG
- NCPROGRAMM
- NCZEITEN
- TEXTE
- ITCOMAVG
- WZ_VERW_NACH

Datenformate

cx Characterstring der Länge x
i2 Integer (4 byte) von -2 147 483 648 bis 2 147 483 648
f4 Float (real) von $-10^{**}38$ bis $10^{**}38$

Das Table "NCAUFTRAG"

Dieses Table enthält allgemein Daten des NC-Auftrags. Die Datensätze werden von der Arbeitsplanung angelegt und von der NC-Programmierung benutzt und ergänzt.

ncauftrid i4:   Ident.-Nr. Sie wird vom PPS-System vergeben und ist einmalig und damit eindeutig. Unter dieser Ident.-Nummer sind alle zugehörigen NC-Programme und Arbeitsgänge zu finden.

ncauftrstat c4:   Auftragstatus. Anhand dieses Status ist ersichtlich, in welchem Zustand sich der Auftrag befindet.

pps c2:   Abkürzung für das PPS-System, das den Auftrag erstellt hat.

sbpps c6:   Name des PPS-Sachbearbeiters.

artnr c20:   Artikelnummer. Sie stellt die Verbindung des NC-Auftrags zu einem Artikel und seinen Stammdaten dar und dient zum Datentransfer zwischen CAD-System und EXAPT.

nczeitid i4:   Ident.-Nr. des zugehörigen Datensatzes im Table NCZEITEN.

textid i4:   Ident.-Nr. des zugehörigen Datensatzes im Table TEXTE.

avgnr c3:   Arbeitsvorgangsnummer.

anzprog i4:   Anzahl der fertiggestellten NC-Programme zu diesem NC-Auftrag.

auftrnrpps c20:   Auftragsnummer des Gesamtauftrags im PPS-System. Unter dieser Nummer wird ein Directory eröffnet, in das alle NC-Programme geschrieben werden, die zu diesem Auftrag gehören.

direc c50:   Genaue Adresse dieses Directorys. Sie wird von den Zellenrechnern
                  zum Suchen der NC-Programme benötigt.

progsyst c3:   Abkürzung des NC-Programmiersystems ("EXA").

Das Table "NCPROGRAMM"

Dieses Table enthält allgemeine Daten zu einem NC-Programm.

ncauftrid i4:   Ident.-Nr. siehe Table NCAUFTRAG. Damit ist ein NC-Programm
                  einem NC-Auftrag eindeutig zugeordnet.

maschnr c20:   Maschinennummer, abhängig vom EXAPT-PP.

prognr c10:   Programmnummer. Sie wird aus der Auftrags-Ident.-Nr. und einer Zähl-
                  variablen gebildet und ist einmalig. Unter ihr stehen die NC-Program-
                  me im zugehörigen Directory s.o.

ncstat c4:   NC-Programmstatus. Er wird bei Fertigmeldung des Programmes auf
                  "FRTG" gesetzt. Wird in der Werkzeugverwaltung ein Werkzeug geän-
                  dert, das in diesem NC-Programm benutzt wird, so wird der Status auf
                  "STOP" gesetzt und das NC-Programm damit gesperrt.

sbnc c6:   Sachbearbeitername. Interessant bei Nachfragen bezüglich des NC-Pro-
                  grammes. In Verbindung mit dem Feld istdauer im Table NCZEITEN
                  besteht die Gefahr des Datenmißbrauchs bei Leistungsüberwachung!

nczeitid i4:   Ident.-Nr. der zugehörigen Zeiten im Table NCZEITEN.

160

textid i4:   Ident.-Nr. des Auftrags-Textes im Table TEXTE.

spannr i4:   Nummer der Aufspannung bzw. des NC-Programmes innerhalb des
                  NC-Auftrags.

Das Table "NCZEITEN"

In diesem Table werden alle Zeiten und Termine gespeichert, die zu NC-Programmen
und NC-Aufträgen gehören. Die eindeutige Zuordnung geschieht über die Ident.-Nr.
nczeitid.

nczeitid i4:   Ident.-Nr.; Verbindung zu den Tables NCAUFTRAG und NCPRO-
                  GRAMM.

eckterminc11:   Terminvorgabe des PPS-Systems.

isttermin c11:   Termin der Fertigstellung bzw. Fertigmeldung.

solldauer i4:   Vorgabe der Bearbeitungsdauer durch das PPS-System.

istdauer i4:   Tatsächliche Bearbeitungsdauer.

grundzt f4:   Grundzeit. Nicht belegt.

stueckzt f4:   Stückzeit. In EXAPT errechnete Bearbeitungszeit pro Stück.

zusatzzt f4:   Zusatzzeit. Nicht belegt.

Das Table "TEXTE"

Dieses Table speichert allgemein Text. Unter einer Textkenn-Nummer ist dieser den verschiedenen Tables zugeordnet und hat dort natürlich unterschiedliche Verwendung.

textid i4:   Ident.-Nummer. Sie stellt die Verbindung zu dem jeweiligen Table dar. Alle Zeilen eines zusammengehörigen Textes erhalten die gleiche Ident.-Nr.; sie wird beim Anlegen eines Textes automatisch vergeben.

zeile c70:   Textzeile, eigentlicher Text.

lfdnr i4:   Laufende Nummer, dient zum Ordnen des Textes.

Das Table "ITCOMAVG" (Beschreibung der relevanten Felder)

In dieses Table werden von der Arbeitsplanung Daten bezüglich des Arbeitsvorganges, der Maschine etc. geschrieben. Aus ihm bezieht der NC-Programmierer seine Zusatzinformationen.

ncauftrid i4:   Verbindung zu den Tables NCAUFTRAG und NCPROGRAMM.

artnr c9:   Artikelnummer. Verbindung zu den Stammdaten.

avgnr c3:   Arbeitsvorgangsnummer des zugehörigen Arbeitsganges.

avgvor c3:   AVG-Nummer des vorhergehenden Arbeitsganges.

avgnach c3:   AVG-Nummer des nachfolgenden Arbeitsganges.

(Alle drei AVG-Nummern stellen eine Verbindung zum PPS-System dar für Zusatzinformationen zu dem entsprechenden Arbeitsgang.)

stueckzt i4:   Stückzeit des gesamten NC-Auftrags = Summe der Stückzeiten der einzelnen NC-Programme.

Das Table "WZ_VERW_NACH" (Werkzeug-Verwendungs-Nachweis)

In dieses Tabel werden bei der Fertigmeldung von NC-Programmen Daten geschrieben, die für verschiedene Verwaltungsaufgaben und Recherchen benötigt werden.

prog nr c10:   Nummer des Programms, siehe Tabelle NCPROGRAMM.

kombi id c6:   Ident.-Nr. des im NC-Programm verwendeten Komplett-Werkzeugs.

zeit f4:   Bearbeitungszeit des Werkzeugs, dient der Standzeitkontrolle, noch nicht belegt.

Nummernvergabe

Der NC-Programmierer spricht mit dem Arbeitsplaner den Auftrag durch, vergibt eine NC-Programmnummer und legt den Auftrag im Auftragvorratsordner der NC-Programmierung ab.

Auftrag sichten

Nach Entgegennahme des Auftrages sichtet der NC-Programmierer die Zeichnung und den Arbeitsplan und macht sich Gedanken über den groben Ablauf. Eventuelle Unklarheiten werden in Gesprächen mit der Arbeitsplanung und der Konstruktion geklärt. Wurde ein ähnliches Teil bereits gefertigt, so wird das alte NC-Programm herausgesucht und auf Verwendbarkeit geprüft.

Informationsbeschaffung

In dieser Phase werden hauptsächlich Informationen über das Rohteil (spez. bei Guß- und Schmiedeteilen) eingeholt.

Bauteilspannung

Der NC-Programmierer ermittelt die Spannsituation und sucht die entsprechenden Spannmittel in den betriebsinternen Katalogen.

Grobplanung

In dieser Phase werden die Anzahl der notwendigen Spannungen sowie die Arbeitsfolgen festgelegt.

Werkzeugfestlegung

Die geeigneten Werkzeuge werden aus den betriebsinternen Katalogen herausgesucht und die Daten für Werkzeughalter, Klemmhalter und Schneidplatten bestimmt.

Kollisionsbetrachtungen

Die Werkzeugschneiden und der Schaft der Werkzeuge werden auf Kollision geprüft. Oft werden Zeichnungen angefertigt, die bestimmte Bearbeitungssituationen darstellen. Der Werkzeugträger und eventuelle Zusatzeinrichtungen (Reitstock, Pinole) werden in die Betrachtung einbezogen.

Sonderbetriebsmittel

Kann der Auftrag nicht mit Standardbetriebsmitteln durchgeführt werden, so werden vorhandene Sonderbetriebsmittel gesucht. Sind diese nicht verfügbar, so wird ein Auftrag zur Herstellung eines Sonderbetriebsmittels erteilt.

Werkstückeinrichteblatt

Diese Phase beinhaltet das Ausfüllen des Formblattes und das Einzeichnen des Werkstückes mit den Spannmitteln in das Koordinatensystem der NC-Werkzeugmaschine.

Werkzeugliste

Die eingesetzten Werkzeuge werden mit den vom Formblatt geforderten Daten eingetragen.

Programmierzeichnung

Als Basis für die folgende NC-Programmerstellung und als Hilfsmittel für den Maschinenbediener wird eine Zeichnung erstellt, die das Fertigteil, das Rohteil und die Schnittaufteilung enthält.

Rumpfprogrammerstellung

Der NC-Programmierer strukturiert grob das Teileprogramm, indem er die einzelnen Bereiche (Programmanfang, Programmende, Bereich der Geometriedefinitionen, Bereiche der Werkzeugdefinitionen etc.) festlegt.

Werkzeugdefinition

Die eingesetzten Werkzeuge werden in der Nomenklatur des Programmiersystems definiert.

Geometriedefinitionen

Die Fertigteilbeschreibung wird in der Nomenklatur des Programmiersystems definiert.

Hilfsgeometriedefinitionen

Werden zur Programmerstellung über die Werkstückgeometrie hinaus zusätzliche Geometrien (Hilfslinien, Hilfskreise) benötigt, so müssen diese in der Nomenklatur des Programmiersystems definiert werden.

Schnittwerte

In Abhängigkeit vom Werkstoff des Werkstückes werden die Schnittiefe, die Vorschübe und die Schnittwerte anhand von Tabellen festgelegt.

Bearbeitungsablauf

Das Rumpfprogramm wird durch Festlegung der Werkzeugaufrufe, der Schnittgeschwindigkeiten und der Verfahrwege erweitert. Diese Anweisungen werden in der Nomenklatur des Programmiersystems definiert.

EDV-Eingaben

Das erstellte Teileprogramm wird in den Rechner eingegeben. Die notwendigen Rechnerläufe (Prozessor, Postprozessor) werden durchgeführt.

Werkzeugwegekontrolle

Die durch den Prozessorlauf entstandenen Werkzeugwege werden mit Hilfe eines Simulationssystems kontrolliert. Das System zeigt lediglich die Werkzeugwege. Die Werkzeuge und das Fertigteil sind nicht sichtbar.

Programmkontrolle

Der Ausdruck des fertigen Teileprogrammes wird manuell überprüft. Die Verfahrwege der Werkzeuge und die Werkzeugmaße werden auf Richtigkeit geprüft. Bei kritischen Stellen werden die Werkzeugwege teilweise auf Millimeterpapier übertragen.

Programmverbesserungen

Die Korrekturen werden ins Programm eingearbeitet und die notwendigen Rechnerläufe erneut durchgeführt.

Lochstreifen

Diese Phase beinhaltet die Lochstreifenbereitstellung für die Fertigung (Stanzen, Umspulen, Ausdruck erstellen).

Kräfteberechnungen

Die Spannkraft, die Fliehkraft werden berechnet und mit den dazugehörigen Drehzahlen in das Werkstückeinrichteblatt eingetragen.

Programmsimulation

Auf der NC-Werkzeugmaschine wird vom Maschinenbediener in Anwesenheit vom NC-Programmierer ein Erstlauf (meist Abfahren des NC-Programmes im Einzelsatz) durchgeführt.

Programmdokumentation

Die kompletten Unterlagen zu einem NC-Programmierauftrag (Ausdruck des Teileprogrammes, Werkstückeinrichteblatt, Werkzeugliste etc.) werden für die Weiterleitung an die Fertigung zusammengestellt. Kopien werden in einem Ordner der NC-Programmierung archiviert.

iwb Forschungsberichte

Berichte aus dem Institut für Werkzeugmaschinen und Betriebswissenschaften
der Technischen Universität München

Herausgeber: Prof. Dr.-Ing. J. Milberg

Die Bände sind im Erscheinungsjahr und in den folgenden drei Kalenderjahren
zu beziehen durch den örtlichen Buchhandel
oder durch Lange & Springer, Otto-Suhr-Allee 26-28, D-Berlin 10

Rückgabedatum

1 9. Dez. 1994
0 9. Mai 07